やさしく
まるごと
中学理科 改訂版

著　池末翔太

マンガ　高山わたる

協力　葉一

教育系YouTuber 葉一監修！
- 理科の勉強のコツ＆達成BOOK
- 定期テスト計画シート
- 理科の勉強のコツDVD　　つき

はじめに

みなさん，こんにちは。著者の池末翔太です。この本は，次のような悩みを持っている中学生を救いたいと意識して執筆をすすめました。

『理科が嫌いだ～！』『理科の成績が伸びない！』『理科の問題が解けない！』

どうでしょうか。あなたもこれらに近い悩みを持っているのではないでしょうか。

この本は，これらの悩みの壁を乗り越えるお手伝いができる，今までにない新しい理科の参考書です。そのポイントとして大きく次の3つがあげられます。

① かわいいキャラたちによる導入マンガ

② 図をふんだんに取り入れたわかりやすい講義

③ 動画による解説

実は，僕自身も中学生当時は「理科大っきらい人間」でした。このように理科の参考書を書いているなんて中学生のときにはまったく想像もできませんでした。

しかし，僕自身が「理科大っきらい人間」だったからこそ，苦手な人でもすらすら読める，わかりやすい本が書けたという自信があります。

僕はいつも中学生に，「理科はイメージだ！」と伝えています。

理科という学問は，自然のモノ・コトを説明する学問です。いまどんなことが起きているのかが正しくイメージできれば，理科の勉強はいまあなたが思っている以上に，ぐんぐんぐん，すいすいすいと進んでいけるはずです。

いままで，理科の成績が良くなかった？

そんなの関係ありません！　いまから，ここから一歩ずつ進んでいけばいいのです！

さあ，一緒に理科の勉強をしていきましょう！　僕はこの本であなたを全力でサポートします。

最後になりましたが，この本を書く上で僕はとてもたくさんの人に支えられ，助けていただきました。

まず，僕に「理科の参考書の執筆」というとても貴重な機会をくださった宮﨑純さん。心より感謝いたします。

編集担当の田中丸由季さんには，原稿の執筆が遅れたりとご迷惑をかけたこと心よりお詫びするとともに，たくさんのアドバイスをいただいたこと心より御礼申し上げます。

また，本書を彩るかわいらしいマンガを描いてくださった高山わたるさん，ありがとうございました。このマンガのおかげでこの本は一層中学生の心に届くものになりました。

さらに，同シリーズの1冊「やさしくまるごと中学数学」の著者である吉川直樹先生。吉川先生は，僕の中学生時代の担任の先生でもあります。かつての担任の先生とこうして一緒に参考書の執筆という仕事ができることは，僕にとってモチベーションとなりました。

そしてなにより，僕の授業を受けてくれた多くの生徒たちに感謝を伝えたいと思います。僕が講師として成長できたのは，君たちのおかげです。本当にありがとう。

この本に携わってくれた，すべての方々にこの場を借りて深謝いたします。

池末　翔太

本書の特長と使いかた

まずは「たのしい」から。

　たのしい先生や，好きな先生の教えてくれる科目は，勉強にも身が入り得意科目になったりするものです。参考書にも似た側面があるのではないかと思います。

　本書は読んでいる人に「たのしいな」と思ってもらえることを願い，個性豊かなキャラクターの登場するマンガを多く載せています。まずはマンガを読んで，この参考書をたのしみ，少しずつ勉強に取り組むクセをつけるようにしてください。勉強するクセがつけば，学習の理解度も上がってくるはずです。

中学3年分の内容をしっかり学べる。

　本書は中学3年分の内容を1冊に収めてありますので，どの学年の人でも，自分に合った使いかたで学習することができます。はじめて学ぶ人は学校の進度に合わせて進める，入試対策のために3年分を早く復習したい人は1日に2・3レッスンずつ進めるなど，使いかたは自由です。

　本文の説明はすべて，なるべくわかりやすいようにかみくだいてあります。また，理解度を確認できるように練習問題も数多く収録してありますので，この1冊で中学3年分の学習内容をちゃんとマスターできる作りになっています。

動画授業があなただけの先生に。

　本書の動画マーク（🖥）がついた部分は，YouTubeで動画授業が見られます。動画をはじめから見てイチから理解をしていくもよし，学校の授業の予習に使うもよし，つまずいてしまった問題の解説の動画だけを見るもよし。PCやスマホでいつでも見られますので，活用してください。

　誌面にあるQRコードは，スマホで直接YouTubeにアクセスできるように設けたものです。

YouTubeの動画一覧はこちらから

https://gakken-ep.jp/extra/
yasamaru_j/movie/

※動画の公開は予告なく終了することがございます。

Prologue

[プロローグ]

はあ…
また理科のテスト
最悪だった……

理科は大好きな
桃香(ももか)先生の担当だから
いいところ見せたいのに……

まったく
おバカねー

幼馴染(おさななじみ)のさやかにも
散々からかわれたし
何とかしたいけど

ゲームばっかしてるから…

キーーッ！
ほっといて!!

理科って
植物や天体とか
ジャンルが幅広いから
勉強しにくいんだよな……

名前 理科マモル
30点

理科マモル(おさしな)

トボ
トボ

こうなったら
神頼みだ！

助けて
学問の神様！

！
頭よくなる神社
ダッ
ダッ

この狛犬(こまいぬ)
よだれかけみたいなのが
ボロボロになってる……

せっかくの守り神なのに
かわいそうだな……

僕のハンカチだけど
ボロボロなものよりは
いいよね

よし！
できた！！

それじゃ改めて
いくぞぉお！！！

理科のテストで
いい点取って
桃香先生に
褒めてもらえますように〜！！

ナンマイダー

おさいせん箱

何だあ！？

やあ！

な…

うわっ！？
犬のおばけ！？

ホァァァ!!!

おばけとは失礼な！
僕は代々この神社を守る
狛犬（こまいぬ）のケッケ様だ！

親切にしてもらうと
狛犬は恩返しの間
魔法（まほう）が使えるように
なるんだ！

このバンダナの礼に
僕が君のお願いを
聞いてあげるよ

しゅたっ

え…えと…キミ…
理科がわかるの…？

言ったろ？
僕は何百年も
ここにいるんだよ！

世の中のあらゆる現象に
くわしくなって当然さ！
理科を教えるなんて
朝飯前だよ！

わからないことがあれば
本人たちに聞けばいいし

うわっ
木がしゃべった！！

ねー
ねー

これも
まほう!?

じゃあ早速
成績が上がるまで
君のおうちに厄介になるよ

ちょっ
ちょっと待ってえぇ！

君みたいな
しゃべる犬がいたら
家族や学校の友だちが
みんな驚いちゃうよ！！

それも魔法を使えば大丈夫！
もともと一緒に暮らしてた
ように記憶をすり替えるのさ！

便利だな…あっ！

ニヤ…

そんなに何でもできるなら
さっきのお願い取り替えた
いんだけど……

それは
できません
もう神様に祈ったでしょ

じゃあ今日からビシビシ
鍛えるよ〜！

もっといいお願いにしておけば
よかった〜！！！

将来 桃香先生と
結婚とか〜

Contents

もくじ

〈キャラクター紹介〉

理科マモル

ゲーム大好きな中学3年生。お
調子者。
担任の桃香先生に褒めてもらう
ために理科の勉強をはじめる。

ケッケ

理科家の近所の神社の，不思議
な力を持った狛犬。恩返しのた
め，マモルに理科を教えること
に。

さやか

マモルの幼馴染の勝気な女の子。
へなちょこなマモルをよくから
かっている。

桃香先生

マモルの担任で理科担当。
ほんわかした雰囲気で学校の皆
を癒す。

マモルの父

いつもニコニコしていて，のん
びりとした性格。マモルに見た
目がそっくり。

マモルの母

父とは反対にとっても厳しい。
怒りが頂点に達すると嵐を巻き
おこす。

身近な生物，花のつくり

〔中学1年〕

このLessonのイントロ♪

さあ，まず勉強するのは「生物」の分野です！
Lesson1では小さい生物を観察します。今から理科の勉強を一緒にがんばっていきましょうね！

① 観察のしかた

授業動画は
こちらから

🔬 ルーペの使い方

観察するものが肉眼ではよく見えないときは，**ルーペ**を使って見ます。ルーペとは，「虫めがね」のことです。ルーペを使うときの注意点は，「目に近づけて持つ」ということです。

ルーペ
※ルーペで太陽を見てはいけない。

> **ポイント**
> ## ルーペの使い方
> ルーペは目に近づけて持ち，**観察するもの**
> **を動かす**。観察したいものが動かせないときは，ルーペを目に近づけたまま顔を動かす。

観察したい物を動かす!!
顔を動かす
木

🔬 顕微鏡

ルーペを使ってもよく見えないものは，**顕微鏡**を使って観察します。まずは，顕微鏡の図を見て，各パーツの名前を確認してみましょう。パーツの名前で，特に大切なのは，**接眼レンズ**と**対物レンズ**です。目を近づけるところだから接眼レンズ，見たいものに近づけるから対物レンズ。こう覚えておきましょう。

接眼レンズ
鏡筒
レボルバー
対物レンズ
調節ねじ
ステージ
しぼり
反射鏡

※ステージ上下式顕微鏡

〈顕微鏡の使い方〉

①直射日光の当たらない明るい場所に置く。

↓

②接眼レンズ→対物レンズの順につける。

先に対物レンズをつけると上からふってきたホコリが入るので，まずは接眼レンズでふたをします。

③反射鏡を動かして明るさを調節する。

↓ この作業は**接眼レンズをのぞきながら**行ってください。

④プレパラートをステージにのせる。

↓ プレパラートは，観察したいものをのせたガラスの板のことです。

⑤横から見ながら，対物レンズとプレパラートをできるだけ近づける。

接眼レンズをのぞきながら行うと，プレパラート（カバーガラス）を割るかもしれないからです。

↓

⑥接眼レンズをのぞき，対物レンズとプレパラートを遠ざけながらピントを合わせる。

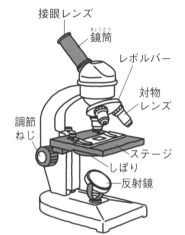
← 上からつける

ぐしゃ

🔬 顕微鏡を使った観察

実際に観察するときは，さらに注意すべきことがあります。それは，倍率と動かし方です。

ポイント 観察するときの注意

- レンズは倍率の**低いもの**から使う。
- プレパラートは，見た目とは**上下左右逆**に動かす。

※上下左右が逆に見える顕微鏡の場合

右下に動かしたい

左上に動かす

プレパラート

はじめから高い倍率のレンズを使うほうが，細かいところまで大きく見えてよいと思うかもしれませんが，視野がせまくなるので，見たいものが視野から外れてしまうことがあります。先に低い倍率のレンズを使って見たいものを**中心**にもってきてから，**高い倍率のレンズ**に変えると，うまく観察できるというわけです。

ポイント 顕微鏡の倍率

倍率＝接眼レンズの倍率×対物レンズの倍率

例 接眼レンズが15倍，対物レンズが10倍のときは，15×10＝150倍の大きさに見える。

顕微鏡では倍率の計算もテストによく出ます。倍率とは，顕微鏡などで見えた大きさと，実物の大きさとの比較を表す数です。顕微鏡の倍率計算は，この式ですべてOKです。

顕微鏡の最後は，プレパラートの作り方を確認します。

プレパラートの作り方

①スライドガラスに水を1滴落とし，観察したいものをのせる（観察したいものをのせてから水を落としてもよい）。

②空気の泡が入らないように，端からゆっくりカバーガラスをかける。

③ろ紙で余分な水を吸い取る。

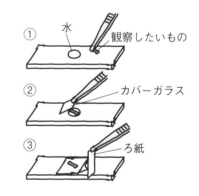

① 水　観察したいもの

② カバーガラス

③ ろ紙

Check 1

解説は別冊p.1へ

次の問いに答えなさい。

(1) 顕微鏡を使うとき，先に取りつけるのは，接眼レンズ，対物レンズのどちらか。　（　　　　　）

(2) 上下左右が逆に見える顕微鏡で，顕微鏡で見えたものを左下にずらしたいとき，実際のプレパラートはどのように動かせばよいか。　（　　　　　　　）

2 水中の微小生物

授業動画は
こちらから

顕微鏡を使ってやっと見える生き物では，水中にすむ微小生物がよく出てきます。

ポイント おもな微小生物

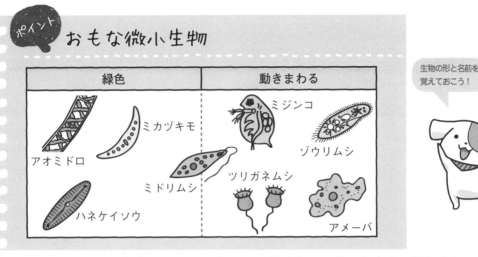

生物の形と名前を
覚えておこう！

水中の微小生物は，緑色をしているものと，動くものに分かれます。緑色をしている生物は，光合成（→Lesson 14で学習します）をして，自分で栄養分をつくっています。ミドリムシは，緑色をしているのに動くという，とても珍しい生物です。

Check 2 次の問いに答えなさい。

解説は別冊p.1へ

(1) ミジンコ，アメーバ，ミカヅキモの中で，緑色をしているのはどれか。　　（　　　　　）

(2) ミドリムシ，ゾウリムシ，アオミドロの中で動けるのはどれとどれか。　（　　　　　）

---

3 花のつくり

授業動画は
こちらから

生物には，大きく2つに分けると，「植物」と「動物」が存在します。まずは，植物のつくりの中で，花から見ていきます。

ポイント 花のつくりと受粉

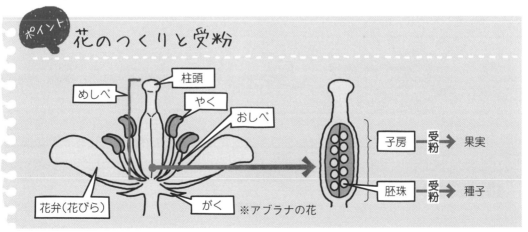

花は，子ども（種子）をつくるためのものです。子どものもとは，めしべの中に入っている胚珠です。p.13のポイントの図のような植物（被子植物）の場合，そのまわりを子房が取り囲んでいます。めしべのまわりにはおしべがあり，その2つを守る役割を花弁が担っているんですね。また，その花弁も，がくというものに支えられています。

おしべの先には，やくというふくろがあり，その中に花粉が入っています。その花粉が，めしべの先の柱頭につくことを受粉といいます。受粉すると，子房は果実へ，胚珠は種子へと成長します。植物はいろいろな工夫をして，種子を広い範囲に散らします。そして，地面に落ちた種子は新たな個体へと成長していくのです。

カキなどは，果実ができると動物が食べてくれます。果実の中に入っている種子は消化されずに，動物からふんとして出されます。出された種子は，土などの上に落とされ，発芽して成長していきます。

Check 3

解説は別冊p.1へ

次の問いに答えなさい。
(1) 花粉が，めしべの柱頭につくことを何というか。　　　　　（　　　　　）
(2) 子房と胚珠は，成長するとそれぞれ何になるか。　　　　（　　　　　）
(3) 花弁を支えている部分を何というか。　　　　　　　　（　　　　　）

マツの花

マツの花といって，どんな花か思いつきますか。マツの花には，色あざやかな花びらがありません。これまで勉強した花とは異なるつくりをしています。

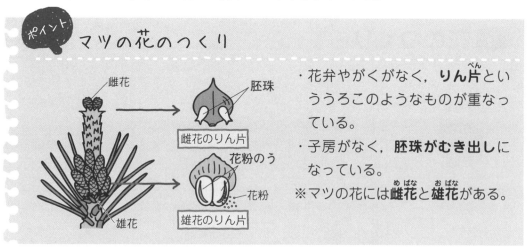

ポイント　マツの花のつくり

雌花　　胚珠
雌花のりん片
花粉のう
花粉
雄花　　雄花のりん片

・花弁やがくがなく，りん片といううろこのようなものが重なっている。
・子房がなく，胚珠がむき出しになっている。
※マツの花には雌花と雄花がある。

マツは，子房がないので，花粉のうから出た花粉が，直接胚珠につきます。胚珠が種子になるのに1年以上かかり，雌花が成熟してまつかさができます。

もっとくわしく
マツのような植物（裸子植物）は，種子はできますが，果実はできません。

Lesson 1 の 力だめし

授業動画は
こちらから ····

➡️ 解説は別冊p.1へ

1 ルーペの使い方について述べた次の文の，①，②のうちから正しいものを1つずつ選び，記号で答えなさい。　　①[　　]　②[　　]

　　ルーペは，①{ア．目から離して，　イ．目に近づけて}持ち，観察するものを手に持って，②{ウ．観察するものを前後させて，　エ．ルーペを目から離したり近づけたりして}観察する。

2 顕微鏡のつくりと使い方について，次の問いに答えなさい。

(1) 右の図は鏡筒が上下する顕微鏡を表している。A～Eの部分の名前をそれぞれ答えよ。

A[　　　　]　B[　　　　]　C[　　　　]

D[　　　　]　E[　　　　]

(2) 顕微鏡の正しい使い方になるように，次のア～カを適切な順に並べよ。　[　→　→　→　→　→　]

ア．プレパラートをDの上に取りつける。

イ．Cを取りつける。

ウ．Aを取りつける。

エ．Aをのぞきながら，Eで視野の明るさを調節する。

オ．横から見ながら，Cをプレパラートにできるだけ近づける。

カ．Cをプレパラートから離しながら，ピントを合わせる。

3 花のつくりとはたらきについて，次の問いに答えなさい。

(1) おしべの花粉がめしべの先につくことを何というか。

[　　　　　　　]

(2) 胚珠が子房に包まれている植物では，(1)のあと胚珠，子房は成長してそれぞれ何になるか。　　胚珠[　　　　]　　子房[　　　　]

4 右の図は，マツの雄花，雌花から取り出したりん片を表している。次の問いに答えなさい。

(1) 雄花から取り出したりん片は，A，Bのどちらか。記号で答えよ。　　[　　　]

(2) 右の図のa，bの部分の名前をそれぞれ答えよ。

a[　　　　]　　b[　　　　]

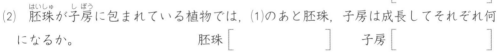

植物の分類

花にお水を
あげよーっと！

葉や花じゃなくて
根のほうに水くれよ！

ええっ？
何で!?

水や肥料分は根から
吸収され，茎や葉の管の
集まりを通ってからだ
全体に行きわたるんだ！

双子葉類の
茎のつくり

管の集まり

へえ！
さすが植物本人の説明は
わかりやすいなあ！
頼りになるよ！

ちなみにこの管の
集まりのことは
維管束っていって……

Lesson14 でくわしく
学ぶから忘れちゃ
イカンソク☆

僕だって
まけない☆

さあさあ
次は栄養剤をどうぞ〜

せめて何か
つっこんでよ！

このLessonのイントロ♪

植物といえば「花がさき，実がなり…」というイメージがありますが，花がさか
ない植物もあるのです。ここでは植物のそれぞれの特徴をしっかりおさえ，分類
していきましょう。

1 種子でなかまをふやす植物

授業動画は
こちらから

　植物には大きく，「花がさく植物」と「花がさかない植物」の2種類があります。「花がさく植物」を，種子植物といい，種子をつくってなかまをふやします。

　種子植物も2種類あります。被子植物と裸子植物です。

 種子植物のなかま

　種子植物 …花がさき，種子をつくってなかまをふやす植物。

　　├─ 被子植物 …胚珠が子房に包まれている。
　　　　例 アブラナ，エンドウ，サクラ，ユリ，トウモロコシ

　　└─ 裸子植物 …子房がなく，胚珠がむき出しになっている。
　　　　例 マツ，スギ，イチョウ

Check 1

🔖 解説は別冊p.2へ

　次の問いに答えなさい。
　(1) 花がさく植物をまとめて何というか。　　　　　　　　　　（　　　　　　）
　(2) 裸子植物では，胚珠はどのようになっているか。　　　　（　　　　　　）

2 単子葉類と双子葉類

授業動画は
こちらから

　被子植物は，2種類に分類することができます。発芽したとき，子葉が1枚の植物を単子葉類といい，子葉が2枚の植物を双子葉類といいます。

単子葉類
子葉が1枚

双子葉類
子葉が2枚

Lesson 1
で勉強した
植物のつくり
を思い出そう！

　単子葉類と双子葉類は，根，茎，葉のつくりにちがいが見られます。

　表にまとめてみましょう。

単子葉類と双子葉類

	単子葉類	双子葉類
葉脈	平行脈	網状脈
茎の維管束の並び方	バラバラに散らばる	輪の形
根の形	ひげ根	主根と側根
おもな植物	イネ，トウモロコシ ユリ，ムギなど	アブラナ，サクラ アサガオなど

維管束とは，水や栄養分を運ぶ管のことだよ。

そして，さらに双子葉類は，花弁（花びら）の特徴によって2種類に分かれます。

ポイント **双子葉類の合弁花，離弁花**

・**合弁花**…花弁（花びら）がくっついている。
　例 アサガオ，タンポポ，ツツジ

アサガオ

・**離弁花**…花弁（花びら）が1枚1枚離れている。
　例 アブラナ，エンドウ，サクラ

アブラナ

　タンポポの花は，たくさんの花弁がある離弁花のように見えます。しかし，実はタンポポは，たくさんの花が集まって1つの花のように見えているのです。右の図が，タンポポの本当の「1つの花」です。花弁が5枚くっついている**合弁花**です。

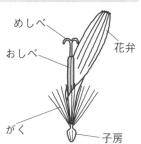

めしべ
おしべ
花弁
がく
子房

3 花がさかない植物＝種子をつくらない植物

授業動画は
こちらから

　植物といえば，「花がさく」というイメージをもっていませんか。実は，「花がさかない」植物もあるんです。花がさかないということは種子をつくらないということです。これらの植物は，胞子（ほうし）でふえるものがほとんどです。

> **ポイント　花がさかない植物のシダ植物とコケ植物**
>
> ・**シダ植物**…根，茎，葉の**区別があり，維管束がある。**
> 　　　　　　　　**胞子**でふえる。
> 　　　例 イヌワラビ，ゼンマイ
> ・**コケ植物**…根，茎，葉の**区別がなく，維管束がない。**
> 　　　　　　　　**胞子**でふえる。
> 　　　例 ゼニゴケ，スギゴケ
> ※どちらも，種子植物と同様に，光合成を行う。

　シダ植物とコケ植物は似た特徴もありますが，シダ植物は，根・茎・葉の区別があるということが大きな違いです。葉の裏側には，胞子が入った胞子のうがあります。乾燥（かんそう）した**胞子のう**がさけると，そこから**胞子**が出てきます。胞子は，地面に落ちると発芽します。水を**根**から吸収し，維管束を通して水を運びます。

　一方，コケ植物は**根・茎・葉の区別がありません。**根のように見える部分は，**仮根**（かこん）といいます。**雌株**（めかぶ）と**雄株**（おかぶ）の区別があるものが多いのです。

　胞子のうは，雌株だけにできます。胞子のうから胞子が落ちて，発芽します。維管束がなく**からだの表面全体**から水を吸収します。

もっとくわしく
シダ植物は，日当たりのよくないしめった場所に生育するものが多く，コケ植物は，日かげでしめった場所に生育するものが多いのです。
シダ植物は，根から水を吸収できるため，コケ植物より水の少ない場所でも生育できます。

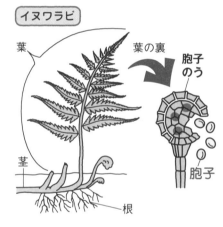

イヌワラビ

葉　葉の裏　胞子のう
茎
根
胞子

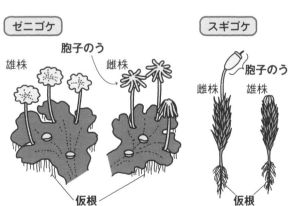

ゼニゴケ

雄株　胞子のう　雌株
仮根

スギゴケ

胞子のう
雌株　雄株
仮根

Check 2

解説は別冊p.2へ

次の問いに答えなさい。
(1) シダ植物とコケ植物のうち根，茎，葉の区別があるのはどちらか。 （　　　　　）
(2) 次のa～dのうちシダ植物をすべて記号で選べ。 （　　　　　）
　　 a　スギゴケ　　b　ゼンマイ　　c　ゼニゴケ　　d　イヌワラビ

4 植物の分類

授業動画は
こちらから

今まで，たくさんの植物の特徴を学んできましたね。最後に植物の分類をまとめましょう。植物の分類は下のような図に表すとすごくわかりやすくなります。

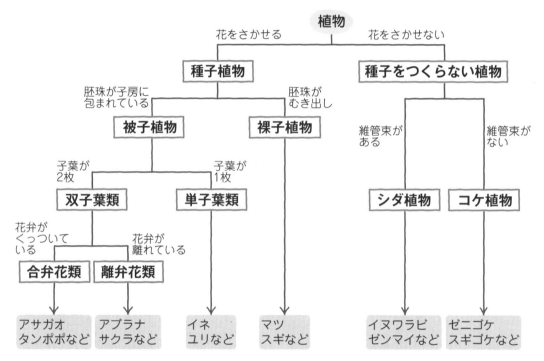

まずは，**「花がさくのか，さかないのか」**で，「種子植物」と「種子をつくらない植物」に分けます。さらに，「種子植物」は**「胚珠が子房に包まれているか，そうでないか」**によって「被子植物」と「裸子植物」に区別します。

ここから，「被子植物」は**「子葉が2枚なのか，1枚なのか」**で「双子葉類」と「単子葉類」に分類されるのです。そして，「双子葉類」は**「花弁がくっついているか，離れているか」**で「合弁花類」と「離弁花類」の2つに分かれます。

補足

ソウ類は，水中で生育し，葉緑素やその他の色素をもつ生物で，光合成を行いますが，植物ではありません。海に生育するワカメ，淡水に生育するミカヅキモなどがいます。

Lesson 2 の力だめし

授業動画はこちらから

➡ 解説は別冊p.2へ

1 茎と根のつくりについて，次の問いに答えなさい。

(1) イネなどの単子葉類の茎および根のつくりはどれか。茎はA，Bから，根はC，Dからそれぞれ適切なほうを1つずつ選び，記号で答えよ。

茎 [　　　　　]

根 [　　　　　]

(2) 茎や根のつくりがイネと同じようになっている植物はどれか。次のア～オからあてはまるものをすべて選び，記号で答えよ。

ア．アサガオ　　　イ．アブラナ　　　ウ．トウモロコシ

エ．ユリ　　　　　オ．サクラ

[　　　　　　　　]

2 植物には種子をつくってふえるものと，種子をつくらないものがある。植物の分類について，次の問いに答えなさい。

(1) 次のうち，種子をつくらない植物はどれか。ア～カからあてはまるものをすべて選び，記号で答えよ。

[　　　　　　　　]

ア．ワラビ　　　イ．ツツジ　　　ウ．スギゴケ　　　エ．ゼンマイ

オ．エンドウ　　カ．ゼニゴケ

(2) (1)で答えた植物のなかまのうち，根，茎，葉の区別があるものはどれか。すべて選び，記号で答えよ。

[　　　　　　　　]

(3) 種子をつくってふえる植物のうち，胚珠が子房に包まれているなかまを何植物というか。

[　　　　　植物]

(4) 次のうち，(3)で答えた植物のなかまはどれか。ア～クからすべて選び，記号で答えよ。

[　　　　　　　　]

ア．アブラナ　　　イ．マツ　　　ウ．トウモロコシ　　　エ．イチョウ

オ．ワラビ　　　　カ．イネ　　　キ．タンポポ　　　　　ク．エンドウ

(5) (4)で答えた植物のうち，単子葉類のなかまはどれか。すべて選び，記号で答えよ。

[　　　　　　　　]

(6) (4)で答えた植物のうち，離弁花をつけるものはどれか。すべて選び，記号で答えよ。

[　　　　　　　　]

Lesson 3 動物の分類

このLessonのイントロ♪

地球には，数え切れないほど多くの種類の動物がいます。ここでは，たくさんの動物をそれぞれの特徴をもとに分類していきます。

1 セキツイ動物の分類

授業動画は こちらから

生物は大きく動物と植物に分けることができます。植物の細かい分類は，Lesson 2でまとめました。では，動物はどのように分類できるのでしょうか。

「セキツイ（背椎）」って「背骨」のことだよ！

 動物の分類

動　物 ┏ **セキツイ動物**…背骨がある動物。
　　　　┗ **無セキツイ動物**…背骨がない動物。

動物は，まず，大きく「背骨があるか，ないか」で2つに分けることができます。**背骨がある動物をセキツイ動物，背骨がない動物を無セキツイ動物**といいます。セキツイ動物は発達した感覚器官や運動器官をもっており，動きが速いです。セキツイ動物はさらに，うまれ方や体温などによって分類することができます。

 うまれ方，体温

・うまれ方 ┏ **胎生**（たいせい）…子を母体内である程度育ててからうまれるうまれ方。
　　　　　　┗ **卵生**（らんせい）…親が卵をうみ，卵から子がかえるうまれ方。

・体　　温 ┏ **恒温動物**（こうおん）…体温をほぼ一定に保つことのできる動物。
　　　　　　┗ **変温動物**（へんおん）…まわりの温度変化によって体温が変わる動物。

うまれ方には，**子としてうまれる胎生**と**卵でうまれる卵生**の2つがあります。私たちヒトはもちろん**胎生**ですね。

体温の点から見ると，**体温を一定に保つことのできる恒温動物**と，**体温が変化する変温動物**がいます。私たちヒトは，体温をほぼ36℃に保っている**恒温動物**です。

カエルは両生類なんです。

このように，うまれ方，体温などで分けていくと，セキツイ動物は，**魚類，両生類，ハチュウ類，鳥類，ホニュウ類**の5つに分類できます。

私たちヒトは，**ホニュウ類**に属しています。

私はイヌなのでホニュウ類です。

ケッケは，本当は狛犬（こまいぬ）で石像だろ！

ポイント セキツイ動物の分類

	魚　類	両生類	ハチュウ類	鳥類	ホニュウ類
うまれ方	卵　　生				胎　　生
	からのない卵を 水中にうむ		からのある卵を 陸上にうむ		
体　温	変　　温			恒　　温	
呼吸器官	え　　ら	子…**えら**, 皮膚 親…**肺**, 皮膚	肺		
体表	うろこ	しめった 皮膚	うろこや こうら	羽　毛	毛
生活場所	水　　中	子…水中 親…水辺	陸　　　　上		
例	メダカ, サンマ, サケ	カエル, イモリ, サンショ ウウオ	カメ, ヘビ, ヤモリ, トカゲ	ハト, タカ, ペンギン, ワシ	ネズミ, クジ ラ, コウモリ, ライオン

では，5種類のセキツイ動物を1つ1つ確認しましょう。

　魚類は，水中にとけている酸素を**えら**でとり入れて呼吸しています。**1回に産卵する卵の数は非常に多く**，子孫を残すために役立っています。また，水中に卵をうむので，乾燥（かんそう）から守る必要がなく，このため**卵にからはありません**。

　両生類は，水中と陸上の両方で生きるというイメージをもつとよいでしょう。子のときは**水中**，親になると**陸上（水辺）**へと生活場所を変える動物です。

　ハチュウ類は陸上に卵をうむので，乾燥から守るために**卵にからがあります**。

　鳥類も陸上に卵をうむので，乾燥から守るために**卵にからがあります**。

　ホニュウ類は私たちヒトも属しているので，身近な動物です。**胎生**なのはホニュウ類だけです。

クジラやイルカは，
魚に似ていても
ホニュウ類よ！

Check 1

解説は別冊p.3へ

次の問いに答えなさい。
(1) 背骨がある動物を何というか。　　　　　　　　　　　　　　　（　　　　　）
(2) 体温をほぼ一定に保つことのできる動物を何というか。　　　　（　　　　　）

2 草食動物と肉食動物

15

ホニュウ類は，食物のちがいによって**肉食動物**と**草食動物**に分類できます。

肉食動物は，その名の通りほかの動物をつかまえてその肉を食べます。目は**前向き**についていて，えものを追いかけるときの距離をしっかりつかむことができます。歯は，**犬歯**が大きくて鋭く，**えものをとらえて肉を切りさく**のに適しています。

そんな肉食動物の食物になる草食動物は，**草（植物）**を食べて生活しています。目は**横向き**についていて，肉食動物が近くにいないかを見るために**広い範囲を見わたす**のに適しています。歯は，**門歯**は**鋭く**，植物をかみ切るのに適していて，**臼歯**は**広くて平ら**で，植物をすりつぶすのに適しています。

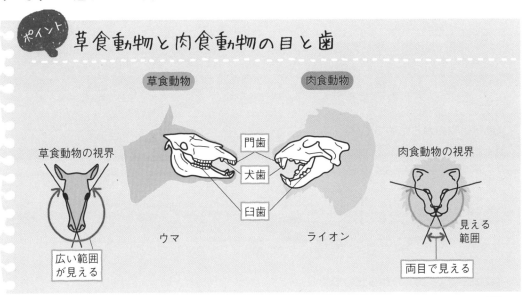

ポイント　草食動物と肉食動物の目と歯

草食動物　　　　肉食動物

草食動物の視界　　門歯　犬歯　臼歯　　肉食動物の視界

ウマ　　　　　ライオン

広い範囲が見える　　　　両目で見える　見える範囲

草（植物）は肉より消化されにくいから，草食動物の消化管は肉食動物より長いよ！

Check 2

➡ 解説は別冊p.3へ

次の問いに答えなさい。
- （1）草食動物の目はどの向きについているか。　　　　　　　　（　　　　　）
- （2）肉食動物で発達している歯は何か。　　　　　　　　　　　（　　　　　）

3 無セキツイ動物

では，次に無セキツイ動物についてまとめていきましょう。

無セキツイ動物とは，背骨のない動物でしたね。実は，地球上にはセキツイ動物より無セキツイ動物のほうが種類も数も多いのです。

無セキツイ動物は，次のようにまとめることができます。

 無セキツイ動物の分類

・**節足動物**…からだが**外骨格**というかたいからでおおわれていて，からだとあしに**節**がある。

  例 昆虫類，甲殻類，クモ，ムカデのなかま

・**軟体動物**…からだに骨格や節がなく，**外とう膜**という内臓をおおう膜をもつ。

  例 イカ，タコ，アサリ

・その他…ウニ，ヒトデ，ミミズ，クラゲのなかまなど。

〈節足動物のからだのつくり〉

昆虫類（バッタ）　　　甲殻類（エビ）

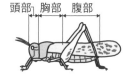
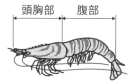

〈軟体動物（イカ）のからだのつくり〉

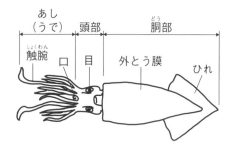

Check 3 　　　　　　　　　　　　　　　➡解説は別冊p.3へ

次の文の（　　）に入る言葉を答えなさい。

(1) 無セキツイ動物とは，（　　　　）をもたない動物のことである。

(2) 軟体動物はからだに（　　　　）や節がなく，内臓をおおう（　　　　）をもっている。

🔹 解説は別冊p.3へ

1 セキツイ動物を、次のようにA〜Eの5つのグループに分類した。これについて、あとの問いに答えなさい。

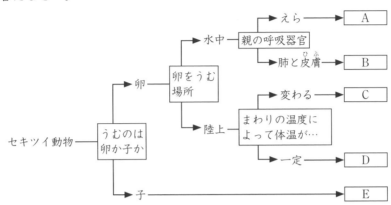

(1) まわりの温度によって体温が変化する動物を、何動物というか。

[　　　　　　動物]

(2) 卵ではなく、親と似た姿の子をうむうみ方を何というか。

[　　　　　　]

(3) 次のア〜オの動物は、A〜Eのどこにあてはまるか。それぞれ記号で答えよ。
　　ア．ネズミ　　　イ．マグロ　　　ウ．カエル　　　エ．カメ　　　オ．ハト

ア[　　] イ[　　] ウ[　　] エ[　　] オ[　　]

2 草食動物、肉食動物について、次の問いに答えなさい。

(1) 次のア〜エのうち、草食動物にあてはまるものはどれか。すべて選び、記号で答えよ。
[　　　　　]
　　ア．犬歯が発達していて鋭い。
　　イ．目が頭の両横についている。
　　ウ．臼歯の上部が平らになっている。
　　エ．目が頭の前側に並んでついている。

(2) 次のア〜オのうち、草食動物はどれか。すべて選び、記号で答えよ。[　　　　　]
　　ア．シマウマ　　　イ．トラ　　　ウ．ネコ　　　エ．ウサギ　　　オ．イタチ

(3) 草食動物と肉食動物の目のつき方について、それぞれの利点を説明せよ。

草食動物 [　　　　　　　　　　　] 　肉食動物 [　　　　　　　　　　　]

Lesson 4 物質の性質

このLessonのイントロ♪

ここから「化学」分野です。私たちの身のまわりには「金属」でできたものや、「非金属」でできたものなど様々なものがあります。このLessonで、ものによっていろいろな性質の違いがあることがわかります。

1 物質の分類

👥物質と物体の違い

私たちの身のまわりには，多くの「もの」が存在しています。ものを見るときには2つの見方があるんです。たとえば，ジュースの缶には，「スチール製」や，「アルミニウム製」などの種類がありますね。ものを，**大きさや形で見る**ときは「**物体**」といい，ものを**つくっている材料で見る**ときは，「**物質**」という言葉を使います。

ジュースの缶 ← 物体

スチール？

アルミニウム？

物質

> ### ポイント 物質と物体
>
> ・**物質**…ものを，**材料**で判断するときの表現。
> ・**物体**…ものを，**大きさや形**で判断するときの表現。

👥有機物と無機物

物質は，大きく2つに分けることができます。**有機物**と**無機物**です。何が「有る」「無い」で分けているのでしょうか。それは，「**炭素**」という物質です。炭素をふくんでいれば「有機物」，そうでなければ「無機物」です。

また，物質は「金属」と「非金属」にも分けられます。金属は**無機物**の1つで，次の性質をもちます。**金属光沢をもつ（みがくと光る），たたいてのばすことができる，電気や熱をよく通す**，という性質です。

> ### ポイント 物質の分類
>
> **物質**━━ **有機物** …炭素をふくむもの。燃えると，**二酸化炭素**と，多くの場合**水**ができる。砂糖やデンプン，プラスチック，木など。
>
> ━━ **無機物** …炭素をふくまないもの。
>
> 二酸化炭素と炭素は炭素をふくんでいるけれど，例外で「無機物」扱いだよ。
>
> | 有機物 | 無機物 |
> |---|---|
> | | 金属 |
>
> ▨ **非金属** …金属以外の物質。ガラス，食塩，水，二酸化炭素，炭素など。
>
> 鉄やアルミニウム，銅など。

授業動画は
こちらから　▷▷▷ 19

2 密度

密度

　同じ体積の木と鉄の立方体があって，そのどちらが重いかときかれたら，鉄が重いと答えますよね。それを正しく調べるには，同じ体積あたりの質量を求めます。物質1cm³あたりの質量をその物質の**密度**といいます。密度を計算で求める問題は多いので，しっかり密度の公式を使いこなせるようにしましょう。

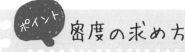　密度の求め方

$$密度〔g/cm^3〕＝\frac{物質の質量〔g〕}{物質の体積〔cm^3〕}$$

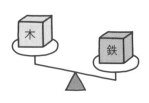

「し・み・た」で
覚えちゃおう

例 鉄15cm³の質量が118.05gのとき，
　　鉄の密度は　118.05÷15＝7.87（g/cm³）

★求めたいものを指でかくすと，求める式がわかる。密度をかくすと質量÷体積で密度が求められる。

3 気体の性質

授業動画は
こちらから　▷▷▷ 20

気体の集め方

　物質の中には，熱したり，ほかの物質と混ぜたりすると，気体が発生するものがあります。中学理科では特に，酸素，二酸化炭素，水素，アンモニアの「つくり方」と「集め方」，そして本当にそれらの気体が発生したのかどうかを調べる「確かめ方」がよく問われます。

　気体の集め方は3つあり，気体の性質に合わせて使い分けます。

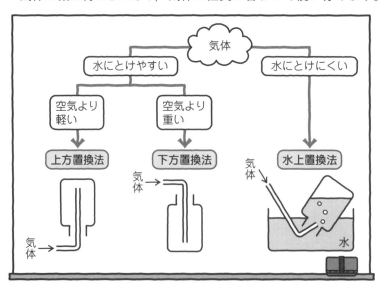

まず，「水にとけるかどうか」で考え始めよう！

●酸素

- **性質**→無色・においはない。**水にとけにくい。**

  ものを燃やすはたらきがある。空気よりやや重い。
- **つくり方**→**二酸化マンガン**に**オキシドール**（うすい過酸化水素水）を加える。
- **集め方**→**水上置換法**（水にとけにくいから）
- **確かめ方**→火のついた線香を入れると，炎を上げて**激しく燃える。**

  ※酸素は，ほかのものを燃やすけれど，酸素自身は燃えない。

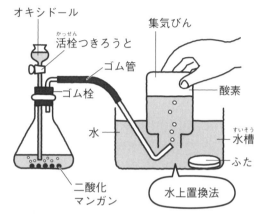

オキシドール
活栓つきろうと
ゴム管
集気びん
ゴム栓
酸素
水
水槽
二酸化マンガン
ふた
水上置換法

●二酸化炭素

- **性質**→無色・においはない。**水に少しとける。**空気より**重い。**
- **つくり方**→**石灰石**（貝がらでもよい）に，**うすい塩酸**を加える。
- **集め方**→**下方置換法**（水上置換法でもよい）
- **確かめ方**→石灰水に通すと，**白くにごる**。

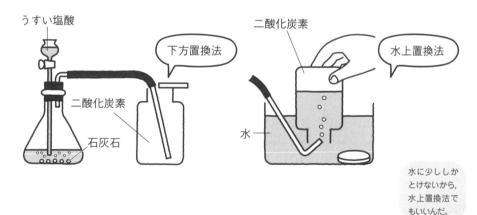

うすい塩酸
下方置換法
二酸化炭素
二酸化炭素
水上置換法
二酸化炭素
水
石灰石

水に少ししか
とけないから，
水上置換法で
もいいんだ。

●水素

- **性質**→無色・においはない。**水にとけにくい**。物質中で**最も軽い**。

  燃えやすく，燃えると**水**ができる。

- **つくり方**→**金属**に，**うすい塩酸**を加える。
  └─ アルミニウム，亜鉛(あえん)，鉄，マグネシウムなど

- **集め方**→**水上置換法**（水にとけにくいから）

- **確かめ方**→火を近づけると，**ポン**と音を出して**燃える**。

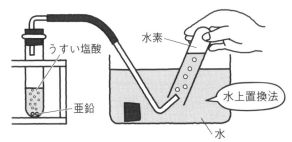

うすい塩酸

水素

亜鉛

水上置換法

水

●アンモニア

- **性質**→無色・**刺激臭**(しげきしゅう)がある。**水にとけやすい**。

  空気より**軽い**。水溶液(すいようえき)は，**アルカリ性**を示す。

- **つくり方**→**塩化アンモニウム**と**水酸化カルシウム**の混合物を加熱する。

- **集め方**→**上方置換法**（水にとけやすく，空気より軽いから）

- **確かめ方**→水でぬらした赤色リトマス紙が青色になる。

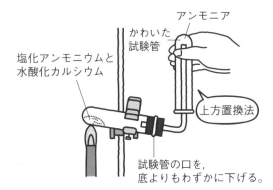

アンモニア

かわいた試験管

塩化アンモニウムと水酸化カルシウム

上方置換法

試験管の口を，底よりもわずかに下げる。

Check 1

解説は別冊p.4へ

次の問いに答えなさい。

(1) 水にとけにくい気体は，どのような方法で集めるか。　　　　　　　　（　　　　　）

(2) 酸素を発生させるときに使うのは，二酸化マンガンともう1つは何か。（　　　　　）

(3) 二酸化炭素の確かめ方を答えよ。　　　　　　　　　　　　　　　　　（　　　　　）

Lesson 4 の力だめし

授業動画はこちらから

解説は別冊p.4へ

1 物質の分類と性質について，次の問いに答えなさい。

(1) 物質は有機物と無機物に分けることができる。次のア～クのうち，有機物はどれか。あてはまるものをすべて選び，記号で答えよ。　　　　[　　　　　　　]

ア．砂糖　　　　イ．二酸化炭素　　　ウ．アルミニウム　　エ．ガラス

オ．デンプン　　カ．食塩　　　　　キ．プラスチック　　ク．銅

(2) 次のア～エのうち，金属の性質にあてはまるものはどれか。すべて選び，記号で答えよ。　　　　[　　　　　　　]

ア．電気を通しやすい。　　　　イ．燃えると二酸化炭素を発生する。

ウ．たたくとうすく広がる。　　エ．熱を伝えにくい。

2 気体の発生と性質について，次の問いに答えなさい。

(1) 水素，酸素，二酸化炭素を発生させるには，それぞれ次のどの物質や薬品を使うか。ア～カから2つずつ選び，記号で答えよ。

　　　　　　水素[　　][　　]　　酸素[　　][　　]　　二酸化炭素[　　][　　]

ア．石灰石　　　　イ．二酸化マンガン　　　ウ．スチールウール（鉄）

エ．塩酸　　　　オ．過酸化水素水

カ．水酸化ナトリウム水溶液

(2) 発生した酸素の集め方として，最も適しているのはどれか。下の図のア～ウから1つ選び，記号で答えよ。　　　　[　　　　　　　]

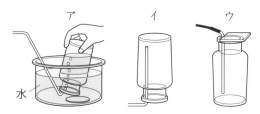

　　ア　　　　　　イ　　　　　ウ

水

(3) 二酸化炭素の集め方として適さないのはどれか。(2)の図のア～ウから1つ選び，記号で答えよ。　　　　[　　　　　　　]

(4) 水素，酸素，二酸化炭素のすべてに共通する性質はどれか。次のア～オから1つ選び，記号で答えよ。　　　　[　　　　　　　]

ア．空気より軽い。　　　　イ．においがない。　　　ウ．水にとけやすい。

エ．火をつけると燃える。　　オ．石灰水を白くにごらせる。

実験器具の使い方①

★ガスバーナーの使い方

<火のつけ方（点火）>

①空気調節ねじ・ガス調節ねじが閉まっているか，確かめる。

②元せん（とコック）を開く。

    →コックがある場合

③マッチの火を斜め下から筒の口に近づけ，ガス調節ねじを
ゆるめて点火して，炎の大きさを調節する。

④（ガス調節ねじを押さえながら）空気調節ねじをゆるめて，
青色の炎になるように調節する。

    ※炎の色がオレンジのときは，空気が不足している。

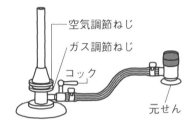

空気調節ねじ
ガス調節ねじ
コック
元せん

<火の消し方（消火）>

①空気調節ねじを閉める。（ガス調節ねじを押さえながら）

②ガス調節ねじを閉める。

③元せんを閉める。（コックがある場合は，コックを先に閉める）

火をつけるときと，
火を消すときは
手順が逆に
なるんだよ！

安全に実験を行う
ために，正しい実験
操作の方法を
知っておくことが
たいせつよ！

★ろ過のしかた

・ろ過…水溶液や再結晶などの実験で，ろ紙という紙を使って，液体と固体を分ける方法。

<ろ過のしかた>

①ビーカーの内側の壁にろうとのあしがつくようにする。

②ろ紙を４つ折りにして水でぬらし，ろうとにつける。

③ガラス棒をろ紙が重なっているところに当てて，液を
伝わらせる。

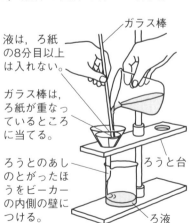

ガラス棒

液は，ろ紙
の8分目以上
は入れない。

ガラス棒は，
ろ紙が重なっ
ているところ
に当てる。

ろうとのあし
のとがったほ
うをビーカー
の内側の壁に
つける。

ろうと台

ろ液

実験器具の使い方②

★上皿てんびんの使い方

①振動の少ない水平な台の上に置く。

②うでの番号に合った皿をのせる。

③うでの調節ねじをまわして，指針が目もりの中央で左右にふれるようにする。

④左の皿にはかりたい試料をのせ，右の皿に試料より少し重いと思われる分銅をのせて，重ければ次に軽い分銅に取りかえながらつり合わせる。

⑤一定の質量の薬品をはかりとる場合，左右の皿に薬包紙をのせて，左の皿にはかりたい量の分銅をのせ，右の皿に少しずつ薬品をのせてつり合わせる。

※④，⑤は右ききの場合。

針が左右に等しく振れていればつり合っているから，針が止まるまで待たなくていいのよ。

物質の質量をはかるとき

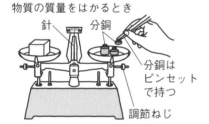

針　分銅　分銅はピンセットで持つ　調節ねじ

一定量の薬品をはかりとるとき

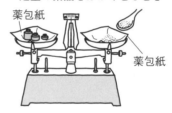

薬包紙　薬包紙

★電子てんびんの使い方

①振動の少ない水平な台の上に置く。

②表示が０になっているのを確認する。

　（薬品のときは，薬包紙をのせ，リセットスイッチを押す）

③はかるものを静かにのせ，表示された数字を読む。

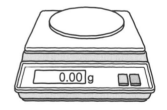

0.00 g

★メスシリンダーの使い方

①水平な台に置く。

②目の高さを，液面と同じにして，真横から目もりを読む。

③液面のもっとも低いところを読む。

④１目もりの10分の１まで目分量で読み取る。

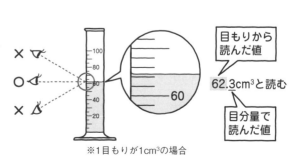

目もりから読んだ値

62.3cm³と読む

目分量で読んだ値

※１目もりが1cm³の場合

Lesson 5 水溶液

このLessonのイントロ♪

水にはいろんな物質をとかしこむことができます。食塩を水にとかせば「食塩水」になります。ここでは，「質量パーセント濃度」という計算問題もあるので計算ミスに気をつけましょうね！

❶ 物質が水にとけるようす

<label>授業動画はこちらから ▶ 22</label>

🫧 水にとけるとは？

水に砂糖を加えて混ぜると，砂糖は見えなくなって無色透明の液体になります。しかし，見えないからといって砂糖自体が消えたわけではありません。

水100gに砂糖25gを加えたら，125gの液体になります。このように，水にある物質を加えて透明の液体にすることを，「水にとかす」と表現しています。

ポイント **溶質，溶媒，溶液**

・**溶質**…とかした物質。（砂糖や食塩など）
・**溶媒**…溶質をとかしている液体。（多くは水）
・**溶液**…溶質が溶媒にとけた液体。

＊溶媒が水の溶液を，特に「水溶液」という。

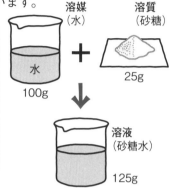

つまり，**溶液の質量＝溶媒の質量＋溶質の質量**といえます。

水溶液中で，溶質は目に見えないほどの**小さな粒**(粒子)に分かれて，まんべんなく散らばっています。そのため，水溶液は**透明**で，**濃さがどの部分も同じ**であるという性質をもちます。

補足 茶色のコーヒーシュガーをとかした水溶液のように，色がついた水溶液もあります。

🫧 溶液の濃度

100gの水に，砂糖を25g，40gとかした2つの水溶液をつくったとき，どっちがより濃い水溶液になっているでしょうか？　感覚的に，40gのほうかなと思うかもしれませんね。でも，その「濃さ」は数字ではっきり示すことができるんです！　それが，**質量パーセント濃度**です。

ポイント **質量パーセント濃度の計算**

$$質量パーセント濃度〔\%〕＝\frac{溶質の質量〔g〕}{溶液の質量〔g〕}×100$$

└─溶質の質量＋溶媒の質量

例 水100gに25g，40gの砂糖をとかした水溶液の質量パーセント濃度は，

25g…$\frac{25}{100+25}×100＝20$〔%〕，40g…$\frac{40}{100+40}×100＝28.57…$➡約28.6% ➡ 40gのほうが濃い

Check 1

➡ 解説は別冊p.5へ

次の問いに答えなさい。

(1) 溶質が10g，溶媒が80gのとき，溶液は何gになるか。　　　　　　　　（　　　　　）

(2) 質量パーセント濃度が10%の水溶液250gにふくまれる溶質の質量は何gか。　　（　　　　　）

2 溶解度と再結晶

♣溶解度と飽和水溶液

同じ物質でも，水の温度によってとける量は変わってきます。水100gにとける量を，「**溶解度**」といいます。

 溶解度

溶解度…**100gの水**にとける物質の質量。
温度や物質によってさまざまな値を示す。
※温度が上がると，溶解度が大きくなる物質が多い。

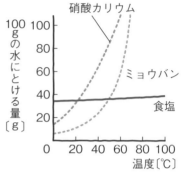

水に食塩を少しずつとかしていくと，あるとき，もうこれ以上とけなくなり，とけ残りが出始めます。つまり，その物質がその温度での溶解度分の量がとけきっているということです。このときの水溶液を特に，「**飽和水溶液**」といいます。

 飽和水溶液

飽和水溶液…物質をとかして，それ以上とけきれなくなった状態の水溶液のこと。溶質が**溶解度**までとけた水溶液。

♣再結晶

60℃の水に，溶解度が60gの物質をその溶解度分とかして，飽和水溶液をつくったとしましょう。

では，この水溶液を冷やして温度を下げるとどうなるでしょうか。もちろん，溶解度は下がります。そうすると，とけきれない物質が再び現れます。そのとき現れる物質はとてもきれいな，**規則正しい形**をしており，それを**結晶**といいます。このようにいったん水にとかしたあと，**再び結晶としてとり出すこと**を**再結晶**といいます。

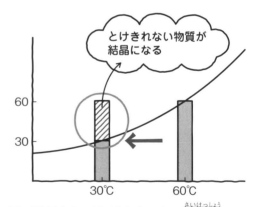

とけきれない物質が
結晶になる

しかし，この方法は温度による溶解度の差が小さい食塩などでは使えません。そういったときは，水溶液から水を蒸発させて結晶をとり出します。

再結晶の方法

①**水溶液を冷やす**…温度による溶解度の差が**大きい**物質
②**水溶液から水を蒸発させる**…温度による溶解度の差が**小さい**物質

③ 物質の状態変化

授業動画は
こちらから

状態変化

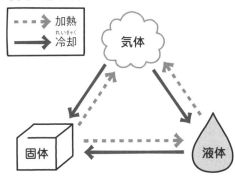

　水は，加熱すると「水蒸気」に，冷やしていくと「氷」へと変化していきます。このように，物質は熱せられたり，冷やされたりすると「**固体**」，「**液体**」，「**気体**」など，その状態が変わっていきます。このように，温度によって物質の状態が変化することを，「**状態変化**」といいます。

（補足）ドライアイスは固体から液体にならずに，直接気体（二酸化炭素）になります。

　状態変化では，**質量は変化しませんが，体積は変化します**。粒子で考えると，物質をつくる粒子の数は変わらないが，粒子の間隔が変化するからです。

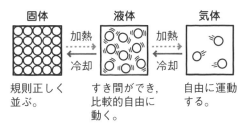

固体　規則正しく並ぶ。
液体　すき間ができ，比較的自由に動く。
気体　自由に運動する。

　ふつう物質をあたためると体積が**大きく**なり，冷やすと体積が**小さく**なります。しかし，水は例外で，水を冷やして氷にすると，体積は1.1倍になります。

水の状態変化と体積

氷 ← 水 → 水蒸気
1.1倍　1700倍

　では，状態変化するときの温度がどう変わっていくのか見ていきましょう。

融点と沸点

物質によって
融点，沸点はちがうよ！

・**融点**…固体から液体に変わるときの温度。水は0℃
・**沸点**…液体から気体に変わるときの温度。水は100℃

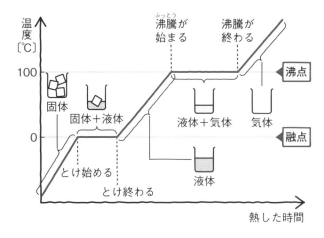

水と状態変化の関係は，左のようになります。0℃になった瞬間，氷がいっきに水になるのではなく，ゆっくり水に変わっていくので，水と氷の両方が存在する時間があります。

水のような純粋な物質では，融点と沸点が一定の温度となりますが，混合物では一定の温度とならず，グラフが平らになりません。

蒸留

今，水とエタノールという液体の**混合物**を用意します。では，この液体を，水とエタノールに分けて下さい，と言われたらどうでしょうか。2つコップを持ってきて半分ずつにしてもダメですよね，混ざったままですから。このとき用いる混合物を2つに分ける方法が「**蒸留**」です。

水の沸点は**100℃**ですが，エタノールの沸点は**78℃**なんです。ということは，2つを同時に熱していくと，エタノールのほうが先に気体になり始めていきます。気体となって出ていったエタノールを集め，冷やせば液体のエタノールとなり，水とエタノールに分けることができます。

ポイント 蒸留

蒸留…液体を沸騰させ，出てくる気体を冷やして再び液体をとり出す方法。

蒸留の実験を行うときの注意点は3つあります。
＊温度計の液だめは，気体のとり出し口の近くにする。→**気体の温度をはかるため。**
＊**沸騰石**を入れる。→急に沸騰するのを防ぐため。
＊ガラス管を試験管の液の中につけない。
　→**液体が逆流する**のを防ぐため。

Check 2

解説は別冊p.5へ

次の問いに答えなさい。
（1）液体を沸騰させ，出てくる気体を冷やして再び液体を集める方法を何というか。　（　　　　　）
（2）水とエタノールの混合物の蒸留では，はじめにどちらを多くふくむ液体が出てくるか。

（　　　　　）

Lesson 5 の力だめし

授業動画はこちらから ▶▶▶

🔊 解説は別冊p.5へ

1 水溶液について，次の問いに答えなさい。

(1) 水溶液について述べた次の文のうち，誤っているのはどれか。ア～エから1つ選び，記号で答えよ。 [　　　　]

ア．水溶液はすべて無色透明である。　　　イ．濃さはどの部分も均一である。

ウ．とけている物質を溶質，とかしている水を溶媒という。

エ．物質がとけて見えなくなっても，質量はなくならない。

(2) 水溶液をじゅうぶん長い間置いておくと，どのようになるか。次のア～ウから1つ選び，記号で答えよ。ただし，水の蒸発は考えない。 [　　　　]

ア．底付近の濃度が高くなる。　　　イ．液面近くの濃度が高くなる。

ウ．濃度は均一のまま変化しない。

2 物質のとけ方と水溶液の濃度について，次の問いに答えなさい。

(1) 水にとける物質の質量は，温度によって決まっている。ふつう，水100 gにとかすことのできる限度の量を何というか。 [　　　　]

(2) 物質が(1)の量とけている水溶液を何というか。 [　　　　]

(3) 物質を水にとかし，その水溶液を冷やしたり水を蒸発させたりして物質を結晶としてとり出す操作を何というか。 [　　　　]

(4) 25 gの食塩を100 gの水にすべてとかした。この水溶液の質量パーセント濃度を求めよ。 [　　　　%]

3 次の問いに答えなさい。

(1) 物質が，温度によって気体，液体，固体とその状態を変えることを何というか。 [　　　　]

(2) 物質が状態を変えるとき，次の①，②はどのようになるか。変わる，変わらないで答えよ。

① 物質の体積 [　　　　]　　　② 物質の質量 [　　　　]

(3) 物質が固体から液体に変化するときの温度を何というか。 [　　　　]

(4) 次の文の①，②で，ア，イから正しいものをそれぞれ選び，記号で答えよ。

状態変化するときの温度は，純粋な物質では① {ア．一定であり　　イ．少しずつ変化し}，混合物では② {ア．一定である　　イ．少しずつ変化する}。 ① [　　　　] ② [　　　　]

光と音

[中学1年]

このLessonのイントロ♪

ここから「物理」の分野になります。私たちは暗い場所では勉強できませんね。必ず電灯などの「光」が必要です。とくに、凸レンズで、光がつくる像には注意して勉強しましょう。

1 光の性質

光って？

電灯や太陽など，自ら光を出すものを**光源**といいます。光の最も基本的な性質は，「**直進する**」ということです。光源から出た光は，空気中や水中をまっすぐに進みます。

光の進み方

光は，**空気中や水中を，直進する。**

光は鏡などの物体に当たると，はね返ります。これを「**光の反射**」と呼んでいます。鏡は特によく光を反射します。

反射の法則

入射角＝反射角
光が物体に当たって反射するときは，
入射角と反射角が等しくなる。

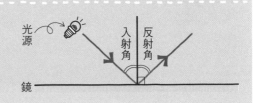

ものが見えるときには2通りあります。電灯などの**光源からの光が直接目に入るとき**，そして，**光源からの光が物体の表面ではね返り，その光が目に入るとき**です。「はね返る」は，光の反射のことですね。本を読めているときは，電灯から出た光が本に反射して，その光が目に入っているということです。

上の図でいうと電球が光源ですね。光の反射で注意すべきなのは，「入射角」と「反射角」の関係です。鏡の面に立てた**垂直な線**と，鏡に当たる直前の光の線との角度を「**入射角**」，はね返ったあとの光の線との角度を「**反射角**」といいます。実は，この**「入射角」と「反射角」は，必ず同じ角度**になります。これを，「**反射の法則**」と呼んでいます。

鏡の前に立つと，鏡に自分の姿がうつって見えますよね。それは，自分という物体の表面で反射した光がさらに，鏡で反射し，その光が目に入るからです。鏡にうつって見えるものは像です。像は鏡の裏側の，**物体と対称の位置**にあるように見えています。

Check 1

📖 **解説は別冊p.6へ**

次の文の（　　　）に入る言葉を答えなさい。
(1) 光は，空気中，水中を（　　　）する。
(2) （　　　）角＝反射角となることを反射の法則という。

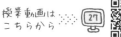

2 光の屈折と全反射

光は，空気中だけや，水中だけを進むときは，直進します。しかし光が折れ曲がって進むときもあるんです。光が**異なる物質**（中学では，空気，水，ガラスのどれかがほとんど）に進むとき，**その境界で曲がる現象**を「屈折（くっせつ）」といいます。

たとえば，右の図のような，空気中からガラスの中へ光が進むときを考えてみます。光はそのまままっすぐ進むのではなく，少し折れ曲がって進みます。再び空気中へ出るときも折れ曲がって進みます。

ちなみに，屈折したあとの光と物体の表面に立てた垂線との角度を「屈折角（くっせつかく）」といいます。屈折のしかたには，何から何に進むかによってルールがあります。

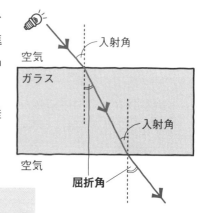

ポイント 屈折の規則

①空気中から水やガラスへ進む…**入射角＞屈折角**

②水やガラスから空気中へ進む…**入射角＜屈折角**

僕（ぼく）が中学生のとき，「屈折」をなかなか納得して学べませんでした。とにかく，丸暗記して苦しんだ記憶があります。しかし，きみにはそんな苦しみはしてほしくないのです！なぜこのような「屈折」が起きるのか，説明しましょう。

今まで，光を単なる1本の線で表していましたが，ここでは光は「車輪」というイメージをもちましょう。さらに，空気は「きれいな道」，ガラスは「じゃり道」とイメージします。

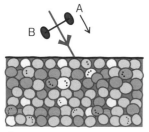

①光の車輪がじゃり道に向かってゴロゴロ進んでいる。

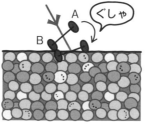

②先にBの車輪がAより先にじゃり道に当たる。そうするとAの車輪はまだ「きれいな道」なので，Bより進もうとして方向がずれる。

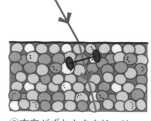

③方向がずれたままじゃり道の中に入っていく。

車輪がじゃり道を曲がって進むように，光は屈折するのです。

🔅全反射

水中またはガラスの中から，空気中へ光が進むとき，入射角がある角度（臨界角（りんかいかく）という）以上になると，光はすべて反射されます。これを，「全反射（ぜんはんしゃ）」といいます。

光ファイバーでは，光が全反射をくり返しながら進んで遠くまで伝わります。

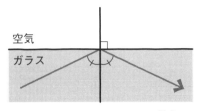

空気
ガラス

▼光ファイバーの構造

臨界角は
物質によって
異なるんだよ。

補足 光ファイバーは，細いガラス繊維（せんい）で，通信回線や内視鏡に使われます。

Check 2

解説は別冊p.6へ

次の文の（　　）に入る言葉を答えなさい。
(1) 光が種類の異なる物質に入るとき，境界面で光が折れ曲がることを（　　　　）という。
(2) 光ファイバーは，（　　　　）を利用して，光を通している。

③ 凸レンズと像

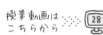
授業動画は
こちらから

28

� 凸レンズ

凸（とつ）レンズって知っていますか。虫めがねのようにガラスの中央部分がふっくら厚くなっているレンズのことです。凸レンズに，光軸（こうじく）（凸レンズの軸）に平行な光を通すと必ず1点で交わります。これを「**焦点**（しょうてん）」といいます。

ポイント

凸レンズの焦点

・**凸レンズ**…中央をふくらませてまわりをうすくしている丸いガラス。

・**焦点**…光軸に平行な光が凸レンズを通ったあとに集まる点。**レンズの両側**にある。

・**焦点距離**（しょうてんきょり）…レンズの中心から焦点までの距離。

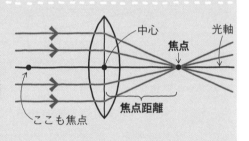

中心
光軸
焦点
焦点距離
ここも焦点

� 凸レンズによってできる像

凸レンズを通して見ることのできるすがたを「**像**（ぞう）」といいます。この像は，実物とちがって見えます。凸レンズによってできる「像」には**実像**（じつぞう）と**虚像**（きょぞう）の2つがあります。

実際に**光が集まってできる像**が**実像**です。一方，凸レンズで屈折した光がレンズの向こう側からくるようにして見える見かけの像が**虚像**です。虚像は見えていても，**光が集まっていないので**スクリーンにはうつりません。

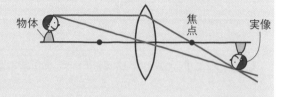

ポイント 実像と虚像

①物体が焦点の外側にある➡**実像**ができる。

・物体と**上下左右が逆**（倒立という）の実像ができる。

・物体が，ちょうど焦点距離の2倍の位置にあるときは，同じ大きさの実像が焦点距離の2倍の位置にできる。

・スクリーンにうつすことができる。

②物体が焦点の内側にある➡**虚像**ができる。

・物体と**同じ向き**（正立という）の拡大された虚像が見える。

・**スクリーンにうつすことはできない。**

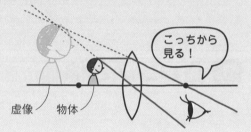

こっちから見る！

実像のかき方はとても簡単なのでマスターしましょう。次の2つの光の道すじをかいていけばOKです。

①光軸に平行に入った光は**焦点を通る**。

②凸レンズの中心に入った光はそのまま**直進する**。

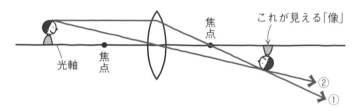

これが見える「像」

物体の位置とできる像をまとめると次のようになります。

①物体が焦点距離の2倍より離れた位置にある

②物体が焦点距離の2倍から焦点の間にある

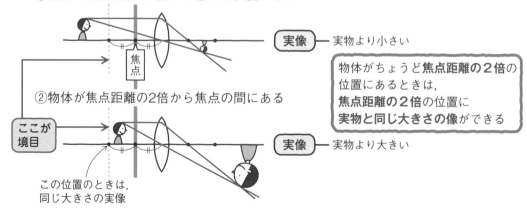

| 実像 | 実物より小さい |

ここが境目

この位置のときは，同じ大きさの実像

| 実像 | 実物より大きい |

物体がちょうど**焦点距離の2倍**の位置にあるときは，**焦点距離の2倍**の位置に**実物と同じ大きさの像**ができる

③物体が焦点の内側にある

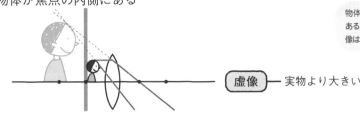

物体が焦点上に
あるときは，
像はできないよ。

虚像 —— 実物より大きい

💫光の色

　太陽光や電灯からでる光は，様々な色の光
が混じった白色光と呼ばれています。光はそ
の色によって屈折の仕方が異なるので，プリ
ズム（ガラスなどの透明の三角柱）に白色光を
あてると色が分かれる様子が見られます。虹
が見られるのも太陽光が空気中の水滴（雨粒
など）に当たり色が分かれることが原因です。

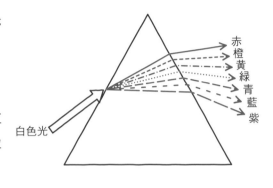

白色光

赤
橙
黄
緑
青
藍
紫

Check 3

📣 解説は別冊p.6へ

次の問いに答えなさい。
（1）　物体が焦点距離の2倍よりも遠いところにあるとき，凸レンズを通してできる像の大きさは実物
　　　と比べてどうなっているか。　　　　　　　　　　　　　　　　　　　（　　　　　　）
（2）　（1）のときの像は，倒立か，正立か。　　　　　　　　　　　　　　　（　　　　　　）

4 音の性質

授業動画は
こちらから

29

💫音の伝わり方

　私たちは，目で見て，耳で聞いて生活しています。「見る」ためには，「光」が必要でした。
では，「聞く」ためには，何が必要なのでしょうか。それが「音」です。「音」は，どのよ
うに発生し，耳へ伝わっていくのでしょうか。

音の伝わり方

音源（音を出すもの）が**振動**し，その振動が空気へ伝わって，耳の鼓膜をふる
わせ音として聞こえる。音は**波**として伝わる。

　音は，空気中では**約340 [m/s]の速さ**で伝わります。

🎧 音の大小と高低

音には，「大きい音」「小さい音」や，「高い音」「低い音」があります。これらは何がどう違っているのでしょうか。音は空気などを伝わっていく「波」です。オシロスコープを使うと，音の大小，高低が「波」のようすで表せます。**音を波のようすで見ると，違いが**よくわかります。

ポイント 音の大小

音源の**振幅**（振れ幅のこと）の大小で，音の大小は決まる。
大きい音ほど振幅が**大きくなる。**

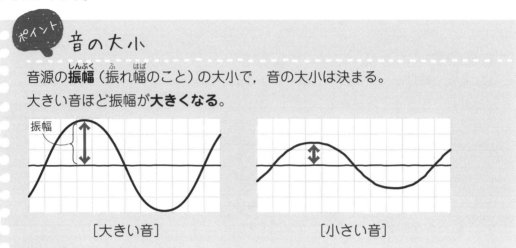

[大きい音] [小さい音]

もっとくわしく 音を大きくするには，ギターの弦などを強くはじけばよい。

ポイント 音の高低

音源が1秒間にふるえる回数を振動数という。（単位は，Hz）
振動数の多さで音の高低は決まる。振動数は，波の数と考えてよい。
高い音ほど，波の数が**多い。**（波の間隔がせまい）

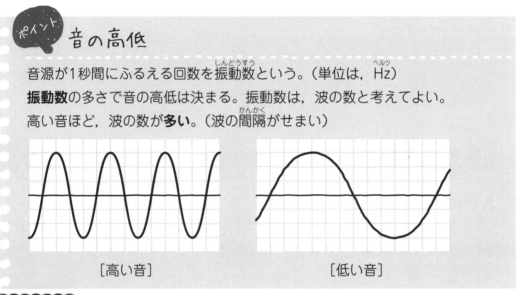

[高い音] [低い音]

もっとくわしく
音を高くするためには，ギターの弦を短くする，強く張る，細い弦に変える，などの方法があります。

Check 4

📖 解説は別冊p.6へ

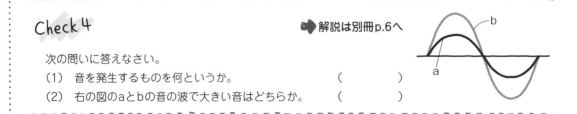

次の問いに答えなさい。
(1) 音を発生するものを何というか。 （　　　　　）
(2) 右の図のaとbの音の波で大きい音はどちらか。 （　　　　　）

解説は別冊p.6へ

1 光の進み方と性質について，次の問いに答えなさい。

(1) 光が鏡の面に入射角30°で入射するとき，反射角は何度か。 [   ]

(2) 光が右の図1のように鏡で反射して進むとき，bの角が60°とすると，dの角は何度か。 [   ]

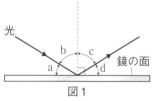
図1

(3) 光が空気中からガラス中に右の図2のように進むとき，入射角と屈折角はa〜dのどれか。それぞれ1つずつ選び，記号で答えよ。 入射角 [   ] 屈折角 [   ]

(4) ガラス中から空気中に光が進んだ。入射角と屈折角の大きさの関係はどうなるか。次のア〜ウから1つ選び，記号で答えよ。 [   ]

ア．入射角＞屈折角 　　イ．入射角＜屈折角

ウ．入射角＝屈折角

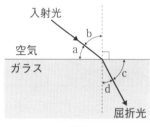
図2

(5) ガラスと空気の境界面にガラス中から光を当てるとき，入射角がある大きさ以上になると，光がすべて境界面で反射し空気中に出ていかない。この現象を何というか。

[   ]

2 凸レンズとその像について，次の問いに答えなさい。

(1) 右の図の中に，矢印で示された物体の像を作図せよ。

(2) 物体を右の図のP点と焦点の間に置くときできる像を，次のア〜ウから1つ選び，記号で答えよ。 [   ]

凸レンズ

物体　　P　　焦点　　　　　焦点　　光軸

P点…焦点距離の
2倍の点

ア．物体より大きい実像　　イ．物体より小さい実像　　ウ．物体より大きい虚像

(3) 焦点距離が15cmの凸レンズの左側30cmの位置に物体を置くとき，像は凸レンズから右側何cmの位置にできるか。 [   ]

3 右の図は，オシロスコープに表示させたいろいろな音の波形である。次の問いにア〜エの記号で答えなさい。

(1) 最も高い音はどれか。 [   ]

(2) 最も大きい音はどれか。 [   ]

(3) 同じ高さの音はどれとどれか。 [　　と　　]

ア 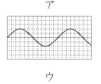　　イ

ウ 　　エ

Lesson 7 力

〔中学1年〕

このLessonのイントロ♪

「力」という言葉は私たちにとって,とてもなじみ深いものですね。力は目に見えないですが,正確にイメージしていきましょう。

1 力のはたらき

 31

⚡力

「数学の力をのばすぞ！」というような会話を，よくしますよね？　「力」という言葉は日常でも使いますが，理科で扱う「力」とは，次の3つのはたらきのどれかをするものです。

 力のはたらき

①物体の**運動のようす**を変える。

　　例 手でボールをおすと転がる。

②物体の**形を変える**。

　　例 ばねをのばす。

③物体を**支える**。

　　例 ばねがおもりを支える。

 力は物体と物体の間ではたらくよ。

　力がはたらくときは，かならず「**力を加える物体**」とその「**力を受ける物体**」があります。ポイントの①の例では，力を加える物体が手で，力を受ける物体がボールです。

⚡力の表し方と単位

　力は**矢印**を使って表せます。矢印のスタート地点，向き，長さが，それぞれ**力の3要素**である力の**作用点**（力のはたらく点），**力の向き**，**力の大きさ**を表しています。**力の大きさが2倍になると，矢印の長さも2倍になる**ということです。

　力の単位は，**N**と書いて「**ニュートン**」と読みます。

〈1Nの力〉　　　　　　〈2Nの力〉

作用点　　力の向き　　力の大きさ

矢印の長さは力の大きさに比例させてかく

1Nの2倍の長さ

補足 力の単位Nは，科学者のニュートンから名付けられています。

Check 1

📢 解説は別冊p.7へ

次の問いに答えなさい。

(1)　力を表すときは，何という単位を使うか。　　　　　　　　　（　　　　　）

(2)　力の3要素は，「力の向き」，「力の大きさ」と，もう1つは何か。（　　　　　）

(3)　力の大きさが4倍になると，力を表す矢印の長さは何倍になるか。（　　　　　）

2 いろいろな力

ふれ合ってはたらく力

力には，物体がふれ合ってはたらく力と離れていてもはたらく力があります。

ふれ合ってはたらく力には，輪ゴムのように変形したものが元にもどろうとして生じる「弾性の力」と，2つの物体が，ふれ合っている面にそって動くのをさまたげようとする「摩擦の力」があります。

また，地球上のすべての物体は，いつも地球の中心（下向きと考えればよい）に向かって，**地球から引っ張られています**。この力を，重力といいます。これは，離れていてもはたらく力です。

約100gの物体にはたらく重力の大きさを1Nと覚えておきましょう。

物体の
まん中から
矢印をかく
重力

ばねの力

ばねにつるしているおもりの数を2倍，3倍…とふやしていくと，ばねの「のび」も2倍，3倍…，そしておもりがばねを引っ張る力も2倍，3倍…となっていくんです。これを「**フックの法則**」といいます。

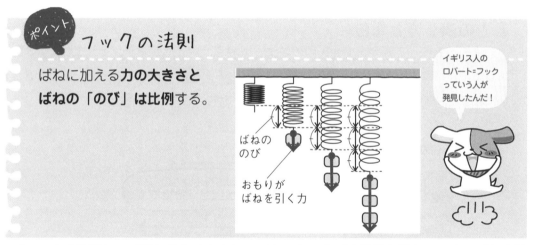

ポイント
フックの法則

ばねに加える**力の大きさ**と
ばねの「のび」は比例する。

ばねの
のび

おもりが
ばねを引く力

イギリス人の
ロバート＝フック
っていう人が
発見したんだ！

「フックの法則」って難しそうですよね。でも，ものすごく単純な話なんです。ばねを強く引っ張ると，ぐい～んとのび，元の長さにもどろうとするので，引っ張ったほうもばねから強く引っ張り返されるということです。

Check 2

解説は別冊p.7へ

次の問いに答えなさい。
(1) 300gの物体にはたらく重力は何Nか。　　　　　　　　　　　　　　（　　　　　）
(2) 1Nのおもりをつるすと，4cmのびるばねがある。このばねに5Nのおもりをつるすと何cmのびるか。　　　　　　　　　　　　　　（　　　　　）

3 重さと質量

　理科では,「**質量**」という言葉がよく登場します。「質量」と似たもので「重さ」という言葉もあります。しかし,この2つはまったくの別物です。

　重さと質量

- **重さ**…物体にはたらく重力の大きさ。
　　　　単位は, N。
- **質量**…物体そのものの量。
　　　　単位は, kg, gなど。

　つまり,「重さ」は**場所**によって値は変わっていく（たとえば, 月なら地球の $\frac{1}{6}$）が, 質量はどこにいっても変わらないということです。

4 力のつり合い

力のつり合い

　ここでは, 1つの物体に2つの力がはたらいている場合を考えてみましょう。

　上の図は, 綱引きのようすです。Aは綱を左に引き, Bは綱を右に引いています。このとき, 綱はA, Bから力を受けていますが, 綱は動いていません。
　このような状態を**力がつり合っている**といい, 力がつり合うためには3つの条件があります。

力のつり合いの条件

物体にはたらく2つの力がつり合っているとき，2つの力は次の条件をすべて満たしている。

・力の**大きさが同じ**。

・力の**向きが逆**。

・力が**一直線上にある**。

では，いろいろな力のつり合いを考えてみましょう。

次の図では，**糸がおもりを引く力**と**地球がおもりを引く力（重力）**がつり合っています。どちらもおもりという**1つの物体にはたらいている力**ですね。

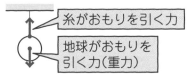

次の図では，**机が本を押す力（抗力）**と**地球が本を引く力（重力）**がつり合っています。ここでも，どちらも本という**1つの物体にはたらいている力**です。

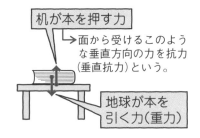

このように，力がつり合っているときは，その力は1つの物体にはたらいているのです。

いろいろな力の関係を理解しておこう。

Check 3

解説は別冊p.8へ

次の問いに答えなさい。

（1）物体にはたらく2つの力がつり合っているとき，2つの力の大きさはどうなっているか。

（　　　　　）

（2）面に接した物体が，面から上向きに受ける力を何というか。

（　　　　　）

➡️ 解説は別冊p.8へ

1 右の図のように，天井（てんじょう）から糸で質量200gのおもりをつるした。次の問いに答えなさい。ただし，100gの物体にはたらく重力を1Nとします。

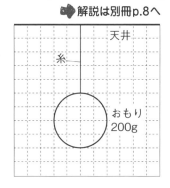

(1) おもりにはたらく重力の大きさ（おもりの重さ）は何Nか。　[　　　　　]

(2) 図の中に，おもりにはたらく重力を矢印で示せ。ただし，方眼の1目もりを1Nとする。

2 次の図1のようにして，ばねにいろいろな質量のおもりをつるしたときののびをはかった。図2はその結果をグラフに表したものである。次の問いに答えなさい。ただし，100gの物体にはたらく重力を1Nとします。

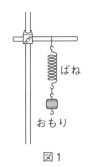

図1

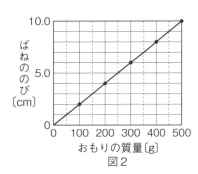

図2

(1) このばねを1.0cmのばすには，何Nの力が必要か。小数第1位までの数で答えよ。
　[　　　　　]

(2) 質量600gのおもりをつるすと，ばねののびは何cmになるか。　[　　　　　]

3 右の図のように，水平な床の上に置かれた物体にはたらいている力のうち，つり合いの関係にある2つの力をア〜ウから選び，記号で答えよ。　[　　　　　]

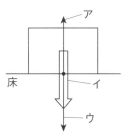

　ア　床が物体を押す力
　イ　物体にはたらく重力
　ウ　物体が床を押す力

火山と地震

このLessonのイントロ♪

ここから「地学」分野になります。日本は火山がたくさんあり、地震もよく起きる国ですね。火山の噴火では何がふき出ていて、地震はどのようにゆれが伝わるのでしょうか。このLessonでわかるようになります。

1 火山

火山活動

　日本には，たくさんの火山が存在しているのを知っていますか。その数はなんと100以上もあるんです。火山では，地球の内側の熱が原因となって，火山活動が起こります。

ポイント 火山

- **マグマ**…地球内部の熱によって，地下の岩石がとけてどろどろになった物質。
- **噴火**（ふんか）…地下深くにあるマグマなどが地表にふき出る現象。
- **火山**…高温のマグマが地表にふき出し，降り積もってできた山。

　噴火のときにふき出るものを**火山噴出物**（ふんしゅつぶつ）といいます。火山噴出物は**マグマ**がもとになっており，次のようなものができます。

- **火山灰**（かざんばい）…直径2mm以下の粒（つぶ）。
- **火山弾**（かざんだん）…マグマが空気中で冷え固まったもの。
- **火山れき**…直径2〜64mmの粒。
- **火山ガス**…主成分は水蒸気。
- **溶岩**（ようがん）…マグマが地表に流れ出たもの。または，それが固まってできた岩石。
- **軽石**（かるいし）…白っぽく，多数の小さな穴があるもの。

火山の形とマグマのねばりけ

　マグマには，さらさらなものもあれば，どろどろのものもあります。火山の形は，火山をつくる**マグマのねばりけ**によって大きく3つに分けられます。

	傾斜（けいしゃ）のゆるやかな形	円すいの形	もり上がった形
火山の形	傾斜がゆるやかで，なだらかな形をしている。	円すい形で，火山噴出物が交互に積もって層をなす。	溶岩そのものがもり上がり，ドーム状になっている。
例	マウナロア（ハワイ島）	富士山	昭和新山
マグマのねばりけ	← 弱い		強い →
噴火のしかた	← おだやか		激しい（爆発的）→
溶岩や火山灰の色	← 黒っぽい		白っぽい →

解説は別冊p.9へ

Check 1

次の問いに答えなさい。
(1) 地下深くにある岩石がとけてどろどろになったものを何というか。 （　　　　　）
(2) 火山ガスの主成分は何か。 （　　　　　）

2 火成岩とそのつくり

授業動画は
こちらから

火成岩

マグマが冷えると，どうなるのでしょう。マグマは冷え固まると**火成岩**という岩石になります。火成岩は，**火山岩**と**深成岩**の2つに分けられます。冷え方のスピードによって，結晶の大きさが変わることに注目です。

ポイント　火成岩

・**火成岩**…マグマが冷えて固まった岩石のこと。

・火成岩 ┬ **火山岩**…マグマが地下の**浅い**ところで**急に**冷えて固まったもの。**斑状組織**をもつ。
　　　　 └ **深成岩**…マグマが地下の**深い**ところで**ゆっくり**冷えて固まったもの。**等粒状組織**をもつ。

〈火山岩のつくり〉

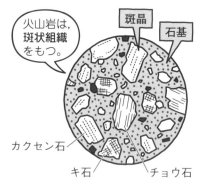

火山岩は，斑状組織をもつ。

斑晶
石基
カクセン石
キ石
チョウ石

・**石基**…斑晶のまわりにある非常に小さな結晶や，結晶になれなかった部分。
・**斑晶**…大きな結晶の部分。

〈深成岩のつくり〉

深成岩は，等粒状組織をもつ。

チョウ石
クロウンモ
セキエイ

もっとくわしく
斑状組織は，石基の中に斑晶が散らばったつくりのことです。
等粒状組織は，同じくらいの大きさの結晶が組み合わさったつくりのことです。

火山岩と深成岩のでき方とつくりのちがいをおさえよう！

🪨鉱物

　火成岩をつくっている粒のうち，結晶になったものを**鉱物**といいます。白っぽい**無色鉱物**と，有色の**有色鉱物**があります。

鉱物名	無色鉱物		有色鉱物			
	セキエイ	チョウ石	クロウンモ	カクセン石	キ石	カンラン石
色	無色・白色	白色・うすもも色	黒色・かっ色など	暗緑色・暗かっ色など	緑色・黒色・かっ色など	うす緑色・黄色
割れ方	不規則に割れる	決まった方向に割れる	うすくはがれる	柱状に割れやすい	短い柱状に割れやすい	不規則に割れる

🪨いろいろな火成岩

　火成岩は，つくりや鉱物の種類で6種類に分けられます。特に，安山岩と花こう岩は，テストでよく問われます。

色	白っぽい ◀▶ 黒っぽい		
火山岩	流紋岩	安山岩	玄武岩
深成岩	花こう岩	せん緑岩	斑れい岩

Check 2

📖解説は別冊p.9へ

　次の問いに答えなさい。
（1）　マグマが冷え固まってできた岩石を何というか。　　　　　　（　　　　　）
（2）　(1)のうち，地下の浅いところで急に冷えたものを何というか。　（　　　　　）

3 地震

授業動画はこちらから ⋯⋯

🪨地震の波とゆれ

　日本は，地震が多い国ですね。地震は何が原因で起き，どのようにゆれが伝わっていくのかを学んでいきましょう。

ポイント **震源と震央**

・**震源**…地震が発生した地下の場所。
・**震央**…震源の真上の地表の地点。

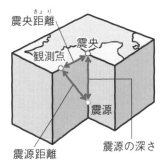

震央距離
観測点
震央
震源
震源の深さ
震源距離

地震は，初めの小さいゆれと，次にくる大きいゆれの2つのゆれがあります。これをそれぞれ**初期微動**，**主要動**といいます。実は，このゆれは**P波**，**S波**という波により伝わります。右の図は，地震のゆれを地震計で調べたものです。

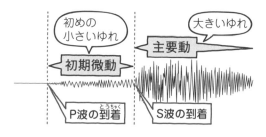

小さいゆれと大きいゆれ

- **初期微動**…地震で初めに感じる**小さいゆれ**。**P波**による。
- **主要動**…小さなゆれの次に感じる**大きいゆれ**。**S波**による。
- **初期微動継続時間**…初期微動が始まってから，主要動が始まるまでの時間。

補足 P波…Primary Wave（最初の波），
S波…Secondary Wave（次にくる波）ということ。

地震が発生したとき，すべての場所で同時に地面のゆれは起きません。ゆれの伝わる速さは，地震の波の伝わる速さです。右の図のように，**震源距離が大きいほど，初期微動継続時間は長くなります**。

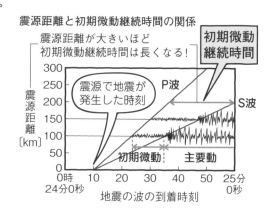

震度とマグニチュード

地震の大きさの表し方には，震度とマグニチュードの2つがあります。

震度とマグニチュード

- **震度**…地震のゆれの大きさを表すもの。10段階に分かれる。
  観測する場所によって異なる値をとる。
- **マグニチュード**…地震の規模（エネルギーの大きさ）を表すもの。
  記号**M**で表す。**1つの地震に1つの値**をとる。

Check 3

📌 解説は別冊p.9へ

次の問いに答えなさい。
（1）地震によって最初に感じる小さなゆれを何というか。 （　　　　　）
（2）地震のゆれの大きさを表すものを何というか。 （　　　　　）

地震が起こるしくみ

最後は，地震がどのようにして起こるのか，ということをまとめていきます。

まずは地震の震源の分布を見ていきましょう。日本付近では，**日本列島と日本海溝との間に震源が集中**しています。

また，地球の表面は**プレート**という厚さ100kmほどの岩盤でおおわれています。

日本のまわりには4種類のプレートがあります。このうち，**ユーラシアプレート**と**北アメリカプレート**を**大陸プレート**といい，**太平洋プレート**と**フィリピン海プレート**を**海洋プレート**といいます。

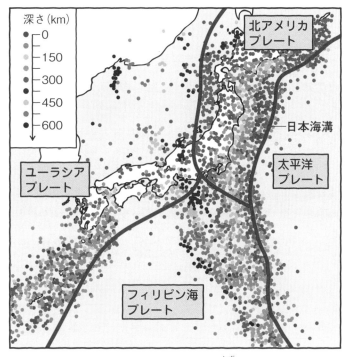

次の図のように，**海洋プレートは大陸プレートの下に沈みこん**でいます。この境が**海溝**です。

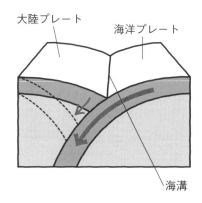

このプレートの動きによって，地下の岩石に大きな力がはたらいてこわれ，地震が発生するのです。

また，海洋プレートは大陸プレートをどんどん引きずりこんでいます。これが何十年か
すると，たまったひずみが限界に達し，大陸プレートがもとにもどろうとして反発します。
これにより，海底が大きく動き，巨大な地震が起きるのです。

これで，日本付近の震源が列島と海溝の間に多くある理由がわかりましたね。2つのプレー
トが重なっている場所だからですね。

もっとくわしく

プレートの境界だけでなく，プレートの内部にも力がはたらいています。日本列島の真下などでは，大陸プレート
の活断層が動いて，地震が起こります。

🗻津波の発生

地震によって生じる現象の１つに，津波があります。

海洋プレートが大陸プレートに引きずられ，ひずみが生じ，岩石が破壊され海底が変形
することで津波が発生することがあります。特に震源が浅い位置のときに起きやすいと考
えられています。

Check 4　　　　　　　　　　　　　　　　　　　　　🔖解説は別冊p.10へ

次の問いに答えなさい。

(1) 地球の表面は，何という厚い岩盤でおおわれているか。　　　　　　　（　　　　　）

(2) 日本付近には，いくつのプレートが集まっているか。　　　　　　　　（　　　　　）

Lesson 8 の力だめし

授業動画はこちらから

➡ 解説は別冊p.10へ

1 火山の形や活動について, 次の問いに答えなさい。

(1) 地下にあって, 岩石がどろどろにとけた物質を何というか。 [   ]

(2) (1)の物質が, 火山の噴火で地表に流れ出したものを何というか。 [   ]

(3) 火山の形は(1)の物質のねばりけによって決まる。ねばりけが強い場合の火山の形はどれか。右のア～ウから1つ選び, 記号で答えよ。 [   ]

ア　　　　　　　イ　　　　　　　ウ

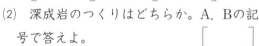

2 右の図は, 2種類の火成岩のつくりを表している。次の問いに答えなさい。

A　　　　　　　B

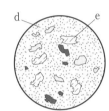

(1) A, Bのつくりの名前を答えよ。

A [   ] 組織　B [   ] 組織

(2) 深成岩のつくりはどちらか。A, Bの記号で答えよ。 [   ]

(3) Aは花こう岩を表している。a, b, cの鉱物名を答えよ。ただし, a, b, cは次のような特徴をもつ。

a [   ]　b [   ]　c [   ]

a…半透明状(はんとうめいじょう)の無色鉱物で, 不規則に割れる。

b…白色の鉱物で, 決まった方向に割れる。

c…黒色の鉱物で, うすくはがれる。

(4) Bの岩石で, 非常に小さい結晶(けっしょう)やガラス質の部分dと, 大きな結晶の部分eの名称を答えよ。　　d [   ]　e [   ]

3 地震(じしん)について, 次の問いに答えなさい。

(1) 初期微動(びどう), 主要動を起こす波を, それぞれ何というか。

初期微動 [   ]　主要動 [   ]

(2) 次の①～③の文の(　　　　)に適切な言葉を入れよ。

①　地震のゆれの程度を表す数値を(　　　　　　　)といい, 地震の規模(きぼ)(エネルギーの大きさ)を表す数値を(　　　　　　　)という。

②　震源から離れるほど, (　　　　　　　　　)時間が長くなる。

③　地球表面は十数枚の(　　　　　　　)とよばれる岩盤(がんばん)でおおわれていて, それらの動きにより, その境界でひずみがたまって(　　　　　　　)発生の原因となる。

Lesson 9 地層

〔中学1年〕

このLessonのイントロ♪

私たちの足元には「地」があります。その地下にはさらに，別の性質をもった「地」があるのです。視点を地下に移していきましょう！

1 地層

地層とは？

山に行くと，がけがむき出しになった場所があります。よく見ると，何重にも土の層が積み重なっています。これを，地層といいます。この地層のでき方について学びます。

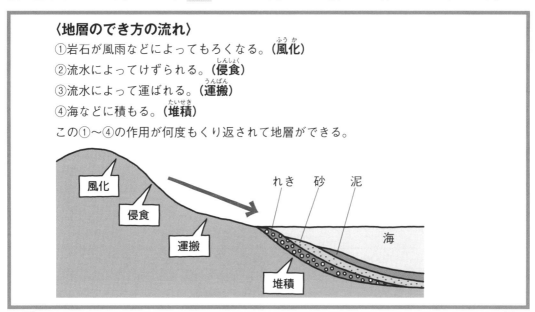

〈地層のでき方の流れ〉
①岩石が風雨などによってもろくなる。（**風化**）
②流水によってけずられる。（**侵食**）
③流水によって運ばれる。（**運搬**）
④海などに積もる。（**堆積**）
この①〜④の作用が何度もくり返されて地層ができる。

粒の小さいものは，より遠くの深い場所に堆積していきます。そのため，岸から沖へ れき→砂→泥 の順番で堆積します。（粒の大きいほうから順に，れき，砂，泥。）

堆積岩

堆積されたもの（堆積物）は，その上にさらに重なる地層の重みによって押し固められて，**堆積岩**というかたい岩石になります。堆積岩の種類は，堆積したものの粒の大きさによって区別されます。

 ポイント いろいろな堆積岩

・**れき，砂，泥**でできた堆積岩 ➡ **れき岩，砂岩，泥岩**
・火山灰など，**火山噴出物**からできたもの ➡ **凝灰岩**
・**生物の死がい**などからできたもの ➡ **石灰岩やチャート**

Check 1

📖解説は別冊p.11へ

次の問いに答えなさい。
(1) 風雨などによって岩石がもろくなることを何というか。 （　　　　　）
(2) 火山灰などからできた堆積岩を何というか。 （　　　　　）

授業動画は
こちらから ····>

2 化石

かつて生活していた生物の死がいや，その巣穴などが砂や泥などといっしょに埋もれて，地層に残ったものを，**化石**といいます。化石からは，地層ができた当時の**環境**や**時代**がわかります。化石は，大きく**示相化石**と**示準化石**の2つに分かれます。

 化石

・**示相化石**…地層ができた当時の**環境**がわかる化石。

示相化石	生活環境
アサリ，ハマグリ	浅い海
シジミ	淡水と海水が混じる河口など
サンゴ	浅くて暖かい海
ホタテガイ	冷たく浅い海

2種類の
ちがいを
おさえよう！

・**示準化石**…地層ができた**時代**がわかる化石。

示準化石	サンヨウチュウ，フズリナ	恐竜，アンモナイト	ビカリア，ナウマンゾウ
地質年代	古生代	中生代	新生代
開始年	約5億4200万年前	約2億5100万年前	約6600万年前
その時代の地球	前半は，サンヨウチュウ類などの海の生物が栄えた。後半は陸上でシダ植物がふえ，両生類も現れた。	海ではアンモナイト，陸上では恐竜や裸子植物が栄えた。	ホニュウ類と被子植物が栄えた。

限られた環境のみにすむ生物の化石からは，「**環境**」がわかります。**広い範囲にすみ短い期間に栄えた生物**の化石からは，「**時代**」がわかり，離れたところの地層でも，同じ時代だとわかります。

Check 2

📖 解説は別冊p.11へ

次の問いに答えなさい。
(1) 堆積した時代がわかる化石を何というか。　　　　　　　　　（　　　　　）
(2) 堆積した環境がわかる化石を何というか。　　　　　　　　　（　　　　　）
(3) アサリの化石をふくむ層は，堆積当時どんな環境だったと考えられるか。（　　　　　）

3 大地の変動

　動かないように見える大地ですが，実は私たちが感じることのできない速さでゆっくりと動いています。大地の変動には，**しゅう曲**，**断層**，**隆起**や**沈降**などがあります。

　しゅう曲や断層が起きたことは，地層を調べるとわかります。

 しゅう曲と断層

・**しゅう曲**…地層が強い力で横から押され，波をうつように変形した地形。

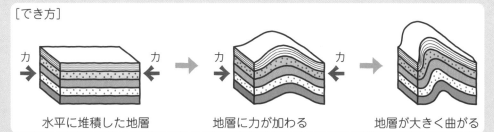

[でき方]

水平に堆積した地層　　　　地層に力が加わる　　　　地層が大きく曲がる

・**断層**…地層が強い力で圧縮されたり，引っぱられたりして地層にできたくい違い。引っぱる力が加わると「正断層」，圧縮の力が加わると「逆断層」になる。

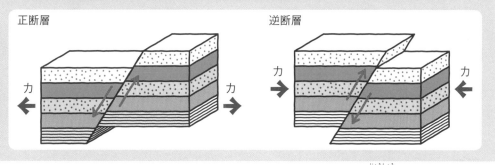

正断層　　　　　　　　　　　　　　　逆断層

　地形からわかる変動もあります。**隆起**は，海水面に対して土地が**上昇**することです。**沈降**は，海水面に対して土地が**下降**することです。

・**海岸段丘**，**河岸段丘**…土地が隆起するごとに，1段下がった面が侵食されてその上に**階段状**に平らな部分が残されてできる地形。

[海岸段丘と河岸段丘のでき方]

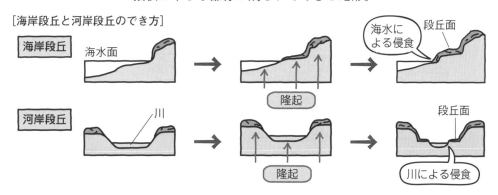

海岸段丘　海水面　　　　　　　　隆起　　　　海水による侵食　段丘面

河岸段丘　川　　　　　　　　　　隆起　　　　段丘面　川による侵食

・**リアス海岸**…土地の沈降によって，陸上の谷であった
　　　　　ところに海水が入りこんでできた，出入
　　　　　りの多い海岸の地形。

４ 地層の広がり

授業動画は
こちらから　→　44

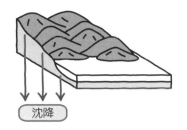

　地層の重なり方を調べるには，**柱状図**という図を利用すると，とてもわかりやすくなります。柱状図は，がけなどで見られる地層のようすや，ボーリング試料をもとに，地層の重なりを1本の柱のように表した図のことです。ふつう下の層ほど古く，上の層が新しい層になります。

ポイント **柱状図の見方**

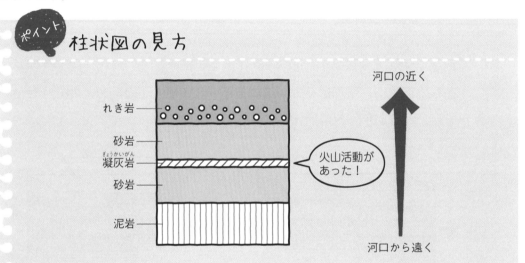

れき岩
砂岩
凝灰岩
砂岩
泥岩

河口の近く

火山活動が
あった！

河口から遠く

補足 ボーリング試料は，地下のようすを調べるために，地面に穴をあけて堆積物や岩石を採取したときに得られる試料のことです。
　柱状図をいくつか見比べるときは，特徴のある化石や火山灰をふくんでいる層（**かぎ層**という）をポイントにするとわかりやすいです。

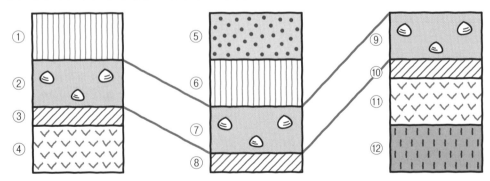

①
②
③
④
⑤
⑥
⑦
⑧
⑨
⑩
⑪
⑫

　上の3つの柱状図では同じ貝の化石を含んでいる②，⑦，⑨が同じ時代に堆積した層と考えられます。

1 次の問いに答えなさい。

(1) 地層をつくる川の3つのはたらきとは何か。

○ [　　　　　] 作用　　○ [　　　　　] 作用　　○ [　　　　　] 作用

(2) 流水によって運ばれた土砂などが, 粒の大きさによって分かれて積もり, 固まってできた岩石を何というか。　　　　　　　　　　　　　[　　　　　]

(3) (2)の岩石と同じなかまで, 火山灰が降り積もってできたものを何というか。

[　　　　　]

2 化石について, 次の問いに答えなさい。

(1) ある地層からサンゴの化石がたくさん見つかった。この地層ができたのは, どのようなところであったか。次のア〜ウから1つ選び, 記号で答えよ。　　[　　　　]

ア. 湖　　　イ. 浅くて暖かい海　　　ウ. 冷たい海

(2) 古生代の示準化石はどれか。次のア〜エからあてはまるものをすべて選び, 記号で答えよ。　　　　　　　　　　　　　　　　　　[　　　　]

ア. マンモス　　　イ. フズリナ　　　ウ. ビカリア　　　エ. サンヨウチュウ

(3) ある地層から恐竜の化石が見つかった。この同じ地層の中に見つかる可能性のある化石はどれか。次のア〜ウから1つ選び, 記号で答えよ。　　[　　　　]

ア. アンモナイト　　　イ. ナウマンゾウ　　　ウ. サンヨウチュウ

3 大地の変化について, 次の問いに答えなさい。

(1) 右の図は, 土地が力を受けてずれたようすを表している。

① このような地形を何というか。

[　　　　　]

② この地形ができたとき, 大地にはたらいた力はア, イのどの向きか。記号で答えよ。　　　　　　　　　　　　　　　[　　　]

(2) 土地の沈降によってできる地形はどれか。次のア〜ウから1つ選び, 記号で答えよ。

ア. 海岸段丘　　　イ. 河岸段丘　　　ウ. リアス海岸　　[　　　]

(3) 地下の地層の重なり方を知るには, ボーリングを行いその試料を調べる。

① ボーリング試料を柱のように表した図を何というか。　　[　　　　]

② 別々の場所の地層を比べるとき, 手がかりとする共通の地層を何というか。

[　　　　　]

化学変化と原子・分子

〔中学2年〕

このLessonのイントロ♪

ものをどんどん細かくしていくと、どうなるか知っていますか？ 実は、本をつくっている紙も、私たち人間のからだも、細かくしていくとどちらも小さい粒になるのです。不思議ですよね。

1 分解

46

　ベーキングパウダーを知っていますか。パンやケーキなどをつくるときに使う生地(きじ)をふくらます粉のことです。なぜ，このベーキングパウダーを使うと生地はふくらむのでしょうか。これは，ベーキングパウダーの主成分である，炭酸水素ナトリウムという物質から二酸化炭素が発生するからです。このとき，二酸化炭素のほかに，水と炭酸ナトリウムも発生します。このような反応を**分解**(ぶんかい)といいます。

分解

・**分解**…1種類の物質が，2種類以上の物質に分かれる化学変化。

　　物質A ➡ 物質B ＋ 物質C ＋ …

・**化学変化（化学反応）**(かがくへんか)…もとの物質とはちがう物質ができる変化。

🔹炭酸水素ナトリウムの分解

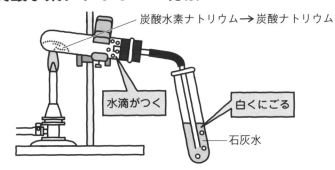

炭酸水素ナトリウム➡炭酸ナトリウム
水滴がつく
白くにごる
石灰水

試験管は口の部分を少し下げて，火を消すときはガラス管を石灰水からぬいてから消すよ！

　炭酸水素ナトリウムは，上の図のようにして熱することで**炭酸ナトリウム**，**水**，**二酸化炭素**の3つに分解されます。

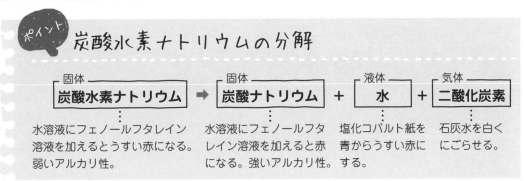
炭酸水素ナトリウムの分解

固体 炭酸水素ナトリウム	➡	固体 炭酸ナトリウム	＋	液体 水	＋	気体 二酸化炭素
水溶液にフェノールフタレイン溶液を加えるとうすい赤になる。弱いアルカリ性。		水溶液にフェノールフタレイン溶液を加えると赤になる。強いアルカリ性。		塩化コバルト紙を青からうすい赤にする。		石灰水を白くにごらせる。

🔹酸化銀の分解

　炭酸水素ナトリウムのように熱を加えて分解するものには，ほかに**酸化銀**などがあります。酸化銀は，銀と酸素に分解されます。

🔎水の電気分解

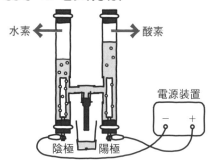

水素 ← 酸素

電源装置

陰極　陽極

これまでに学んだ分解はすべて，「加熱して」分解するもので，これを**熱分解**といいます。熱分解のほかに，電流を流して分解する**電気分解**というものがあります。水は，電流を流すと水素と酸素に分解されます。陽極のほうに**酸素**，陰極のほうに**水素**が発生します。水素は酸素の**2倍の量**が発生しています。つまり体積比が，**酸素：水素＝1：2**ということです。

補足 電源の＋極につないだ電極を陽極，－極につないだ電極を陰極といいます。

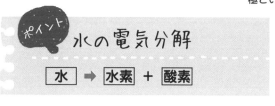

ポイント

水の電気分解

| 水 | ➡ | 水素 | ＋ | 酸素 |

実験では，水に少し水酸化ナトリウムをとかしているよ。
これは，水に電気を通しやすくするためなんだ。

② 原子と分子

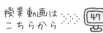

授業動画はこちらから 47

🔎原子

物質を細かく分けていくとどうなると思いますか。たとえばパンを半分にちぎったとしましょう。それをさらに半分に，また半分に，とずっと細かくしていくと最終的にはそれ以上分けることができないものすごく小さい<ruby>粒<rt>つぶ</rt></ruby>になるのです。この粒を<ruby>原子<rt>げんし</rt></ruby>といいます。

ポイント

原子

・**原子**…物質をつくっている最小の<ruby>粒子<rt>りゅうし</rt></ruby>。
・**原子の性質**
①それ以上分解することができない。
②種類によって質量や大きさが決まっている。
③ほかの種類の原子に変わったり，なくなったり，新しくできたりしない。

🔎分子

物質には酸素や二酸化炭素や，水やエタノールなどのように原子がいくつかくっついた形で存在しているものがあります。これを<ruby>分子<rt>ぶんし</rt></ruby>と呼んでいます。

ポイント 分子

分子…いくつかの原子が結びついた粒で，物質の性質を示す最小の粒。
分子をつくらない物質もある。

水素の分子　　　二酸化炭素の分子

③ 元素記号と化学式

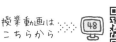
授業動画はこちらから

　原子にはその種類ごとに表す記号があります。それを**元素記号**といいます。次の15個をしっかり覚えましょう。

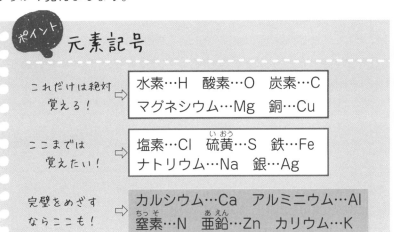

ポイント 元素記号

これだけは絶対
覚える！

> 水素…H　酸素…O　炭素…C
> マグネシウム…Mg　銅…Cu

ここまでは
覚えたい！

> 塩素…Cl　硫黄…S　鉄…Fe
> ナトリウム…Na　銀…Ag

完璧をめざす
ならここも！

> カルシウム…Ca　アルミニウム…Al
> 窒素…N　亜鉛…Zn　カリウム…K

アルファベットが
2つある場合は
大文字・小文字の順番！

Fe

読み方は，そのままアルファベットを読めばOK！
鉄なら「エフイー」

　また，現在までに118個の元素が発見されており，それらを整理し表にまとめたものを周期表といいます。

化学式

　どの原子がいくつ結びついて，物質ができているかを表す式を，**化学式**といいます。

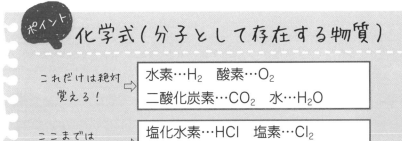

ポイント 化学式（分子として存在する物質）

これだけは絶対
覚える！

> 水素…H_2　酸素…O_2
> 二酸化炭素…CO_2　水…H_2O

ここまでは
覚えたい！

> 塩化水素…HCl　塩素…Cl_2
> アンモニア…NH_3　窒素…N_2

H_2
数字は右下に
小さく書く！
でも，1は書かないよ。

水素は水素原子が2つ結びついた**水素分子**という形で存在しており，**Hが2個くっついた**という意味の**H₂**と表します。二酸化炭素は，**炭素原子1個に酸素原子が2個くっついたCO₂**で表します。水を表す**H₂O**は，**水素原子2個と酸素原子1個**がくっついたということですね。図で考えると，次のようになります。

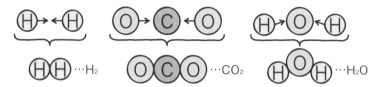

金属や塩化ナトリウムなど，物質によっては**分子をつくらないもの**もあります。

分子をつくらない物質の化学式は，原子の種類と数の比を表すんだ！

ポイント 化学式（分子をつくらない物質）

- 鉄…Fe
- 銅…Cu
- マグネシウム…Mg
- 塩化ナトリウム…NaCl
- 酸化銀…Ag₂O

塩化ナトリウムの化学式NaClという分子が存在するのではなく，ナトリウム原子Naと塩素原子Clがつねに1：1の割合で結びついているということを表しています。

Check 1

解説は別冊p.12へ

次の問いに答えなさい。
(1) 水素と酸素の元素記号を答えよ。 （　　　　　　　　）
(2) 気体の水素と酸素の化学式を答えよ。 （　　　　　　　　）

---

4 物質の分類

授業動画はこちらから

物質は，「それが何種類の元素でできているか」でなかま分けされます。1種類の元素からできている物質を**単体**，2種類以上の元素からできているものを**化合物**といいます。そして，単体と化合物の両方を合わせて**純粋な物質**といい，純粋な物質以外を，**混合物**といいます。

ポイント 物質の分類

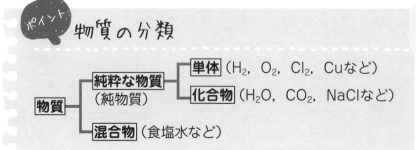

物質 ─┬─ 純粋な物質（純物質）─┬─ **単体**（H₂，O₂，Cl₂，Cuなど）
　　　　　　　　　　　　　　　└─ **化合物**（H₂O，CO₂，NaClなど）
　　　└─ **混合物**（食塩水など）

混合物は，「純粋な物質」を混ぜたもののことよね。食塩水は，水（H₂O）と食塩（NaCl）を混ぜたものよ。

Lesson 10 の力だめし

授業動画はこちらから

➡️ 解説は別冊p.12へ

1 物質の分解について，次の問いに答えなさい。

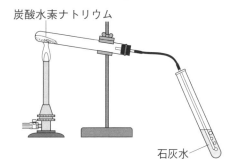
炭酸水素ナトリウム
石灰水

(1) 右の図のようにして，炭酸水素ナトリウムを加熱したところ，試験管の口付近に液体がつき，石灰水が白くにごった。

① 試験管の口付近についた液体は何か。化学式で答えよ。 [　　　　　]

② 石灰水が白くにごったことから，何という気体が発生したとわかるか。化学式で答えよ。 [　　　　　]

③ じゅうぶん加熱したあとの試験管の中に，白色の固体が残った。この固体の名前を答えよ。 [　　　　　]

(2) 次の式は，酸化銀を加熱したときの変化を表している。（　）にあてはまる適切な物質は何か。化学式で答えよ。

酸化銀 → （　　　　　） ＋ （　　　　　）

(3) 水に少量の水酸化ナトリウムをとかし，H字管を用いて，水の電気分解を行った。

① 陽極，陰極から発生する気体を，それぞれ化学式で答えよ。

陽極 [　　　　　] 陰極 [　　　　　]

② 少量の水酸化ナトリウムをとかした理由を，簡単に説明せよ。

[　　　　　　　　　　　　　　　]

2 原子・分子について，次の問いに答えなさい。

(1) 次の元素記号を（　）内に書き入れよ。

① 水素（　　） ② 酸素（　　） ③ 炭素（　　）

④ 塩素（　　） ⑤ 窒素（　　） ⑥ 銅　（　　）

⑦ 鉄　（　　） ⑧ 硫黄（　　）

(2) 次のうち，分子をつくる物質はどれか。あてはまるものをすべて選び，記号で答えよ。 [　　　　　]

ア．水素　　イ．塩化ナトリウム　　ウ．マグネシウム　　エ．塩化水素

オ．二酸化炭素　　カ．銅　　キ．水　　ク．酸化銀

(3) 次のうち，純粋な物質はどれか。あてはまるものをすべて選び，記号で答えよ。 [　　　　　]

ア．空気　　イ．食塩水　　ウ．酸素　　エ．水　　オ．銅

Lesson 11 化学変化の利用

〔中学2年〕

このLessonのイントロ♪

私たちの生活の中ではさまざまな化学的な変化が行われています。料理でもフライパンで「熱する」ことなどで化学変化を行っていますね。そう考えると料理人は，科学者に近いかもしれませんね。

1 化合と化学反応式

化合

Lesson 10では，分解について学びました。分解とは逆に2つ以上の物質を結びつけることもできます。それを**化合**といいます。

 **化合**

化合…2種類以上の物質が結びついて，まったく新しい別の物質ができる化学変化。できた物質のことを，**化合物**という。

$$\boxed{物質A} + \boxed{物質B} + \cdots \rightarrow \boxed{物質C}$$

例 鉄 ＋ 硫黄 → 硫化鉄

硫化鉄の化学式は
FeSだよ！

化合物は，化合する前の物質とはまったくちがう性質の物質になります。上の例の鉄と硫黄の化合で物質の性質を比較します。

	鉄	硫黄	硫化鉄
色	銀白色	黄色	黒色
磁石との反応	磁石につく	磁石につかない	磁石につかない
うすい塩酸との反応	無臭の気体が発生	反応しない	においのある気体が発生
	└ 水素		└ 硫化水素

このように，化合物である硫化鉄は，もとの物質の鉄・硫黄とちがう性質をもちます。

化学反応式

化学変化（化合や分解）を，いちいち言葉で書くのは面倒ですね。そこで登場するのが**化学反応式**です。

 化学反応式

化学反応式…化学式を使って，**化学変化**を表した式。

├ 矢印（→）の左側が反応**前**の物質。右側が反応**後**の物質。

└ 矢印（→）の左右で，**各原子の数**を合わせる。

例 ・鉄と硫黄が化合して硫化鉄ができる。 $Fe + S \longrightarrow FeS$

・炭素と酸素が化合して二酸化炭素ができる。$C + O_2 \longrightarrow CO_2$

・水素と酸素が化合して水ができる。 $2H_2 + O_2 \longrightarrow 2H_2O$

・水を電気分解すると，水素と酸素ができる。$2H_2O \longrightarrow 2H_2 + O_2$

逆の反応

なぜ，$2H_2 + O_2 \longrightarrow 2H_2O$ などは，係数（化学式の前の数）がついているのでしょうか。図で見ていきます。

あ

$$(\quad C \quad + \quad O_2 \quad \longrightarrow \quad CO_2 \quad)$$

い

$$(\quad H_2 \quad + \quad O_2 \quad \not\longrightarrow \quad H_2O \quad)$$

$$(\quad 2H_2 \quad + \quad O_2 \quad \longrightarrow \quad 2H_2O \quad)$$

あでは，C原子1つとO原子2つで，二酸化炭素CO_2ができることを表しています。矢印をはさんだ右側と左側で原子の数は変化していません。

いでは，矢印の右側にはHが2つ，Oが1つありますが，左側ではHが2つにOも2つあります。つまり，原子の数が合っていないのです。そこで，それぞれ数をそろえるように係数をつけていきます。

そうすると，右に水分子を2つ，左に水素分子2つと酸素分子1つにすると，原子の数はぴったり合います。H_2とH_2Oに係数2がついたのです。

＜化学反応式の簡単な書き方＞

①どんな化学変化なのか言葉で確認する。

②物質を化学式にし，「～すると」の部分を矢印（→）で書く。（物質と物質の間は「＋」）

③最も複雑そうな化学式の係数を「1」とする。

④原子の数を合わせていく。左に水分子が1つなので（Hが2つ，Oが1つ），右側では，H_2の係数は「1」，O_2の係数は$\left[\dfrac{1}{2}\right]$となる。

⑤化学反応式の係数は「整数」の必要があるので，分母をはらうように数をかける。$\dfrac{1}{2}$があるので両辺を2倍する。（「1」は書かなくてよい）

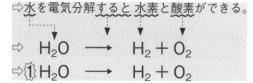

水を電気分解すると 水素と酸素ができる。

$$\Rightarrow \quad H_2O \quad \longrightarrow \quad H_2 + O_2$$

$$\Rightarrow 1H_2O \quad \longrightarrow \quad H_2 + O_2$$

$$1H_2O \quad \longrightarrow \quad 1H_2 + \dfrac{1}{2}O_2 \Big) \times 2$$

$$2H_2O \quad \longrightarrow \quad 2H_2 + \quad O_2$$

2 酸化と還元

授業動画は
こちらから　52

52

化合にはさまざまな種類がありますが，その中でも酸素と化合することを**酸化**といいます。そして，酸化によってできた化合物を**酸化物**といいます。

酸素とくっつくことが**酸化**ですが，反対に，酸素がとれる化学変化は**還元**といいます。

 酸化と還元

・**酸化**…物質が酸素と化合する化学変化。

金属が酸化するときは，名前が酸化～になるんだね！

例 　銅　＋　酸素　　→　　酸化銅
$$2Cu \quad + \quad O_2 \quad \longrightarrow \quad 2CuO$$

・**燃焼**…物質が，光や熱を出しながら**激しく**酸化すること。

例 マグネシウム＋酸素→酸化マグネシウム＋光・熱
$$2Mg \quad + \quad O_2 \quad \longrightarrow \quad 2MgO$$

水素　　＋酸素　　→　　水
爆発的に反応する
$$2H_2 \quad + \quad O_2 \quad \longrightarrow \quad 2H_2O$$

・**還元**…酸化物から酸素を取りのぞく化学変化。

還元が起こるとき，必ず酸化も起こる。

酸化銅から銅を取り出してみましょう。

①酸化銅を炭素を使って還元（右図）

②酸化銅を水素を使って還元

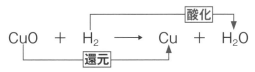

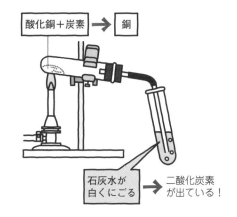

①の化学反応式をよく見てみましょう。CuOに注目すると右側ではCuになるので，Oが取れています（**還元**）が，Cに注目すると右側ではCO_2となってOがくっついています（**酸化**）。還元が起こるときは，酸化が必ず起こるということです。これは，炭素が，銅よりも「酸素と結びつきやすい性質」をもち，酸化銅にふくまれる酸素を，炭素がうばい取ってしまうからです。②の水素も炭素と同様に，銅よりも「**酸素と結びつきやすい性質**」をもちます。下のようにイメージしてみましょう。

①CuとOのカップルが　　②イケメンCが登場！　　③2人のCuはOにふられ（還元）
　2組いました。　　　　　　　　　　　　　　　　　　Cと2人のOが仲よくなる（酸化）。

つまり，CuとOのカップル破局（還元）とCとOのカップル成立（酸化）は同時に起こるのです。Cuがかわいそうですね。

🐾吸熱反応

燃焼のようにまわりに熱を出す化学変化を**発熱反応**といいます。それとは反対に，まわりから熱を奪う化学変化を**吸熱反応**といいます。

例えば，炭酸水素ナトリウムとクエン酸が反応すると，二酸化炭素が生じ温度が低下します。このように化学変化には熱を放出するもの，熱を吸収するものなど様々な反応があることを確認しておきましょう。

- -

Check 1

🐾解説は別冊p.12へ

次の問いに答えなさい。
(1) 銅の酸化によってできる物質は何か。また，その物質の化学式は何か。　（　　　　　　　）
(2) 酸化銅と炭素を反応させると，炭素は何になるか。　　　　　　　　　　　（　　　　　　　）

3 質量保存の法則と質量の比

授業動画は
こちらから 53

これまで，分解や化合などさまざまな化学変化を扱ってきました。化学変化が起きると，変化の前後で物質の性質は変わっていましたね。では，質量も変わってしまうのでしょうか。実は，化学変化の前後で物質の質量（の総和）は変わりません。このことを，「**質量保存の法則**」といいます。

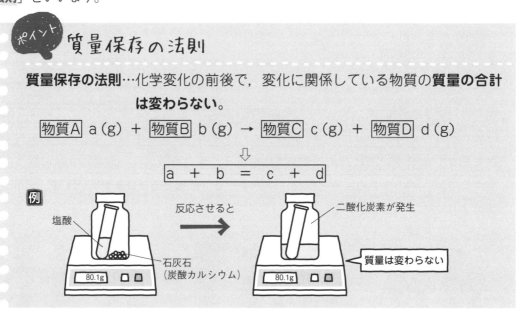

ポイント 質量保存の法則

質量保存の法則…化学変化の前後で，変化に関係している物質の**質量の合計は変わらない。**

物質A a(g) + 物質B b(g) → 物質C c(g) + 物質D d(g)

⇩

a + b = c + d

例

塩酸
石灰石（炭酸カルシウム）
80.1g

反応させると

二酸化炭素が発生
質量は変わらない
80.1g

化合する物質の質量の比

定期テストや入試では，化学変化の前後の質量を具体的に数値で求めさせる問題が多くあります。そのとき考えることは，**化学変化の質量の比**です。物質は，つねに一定の質量の割合で化合するからです。

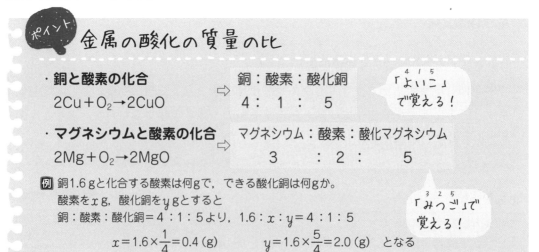

ポイント 金属の酸化の質量の比

・**銅と酸素の化合**
$2Cu + O_2 → 2CuO$

⇨ 銅：酸素：酸化銅
4 : 1 : 5

「よいこ」で覚える！

・**マグネシウムと酸素の化合**
$2Mg + O_2 → 2MgO$

⇨ マグネシウム：酸素：酸化マグネシウム
3 : 2 : 5

例 銅1.6gと化合する酸素は何gで，できる酸化銅は何gか。
酸素をxg，酸化銅をygとすると
銅：酸素：酸化銅＝4：1：5より，$1.6 : x : y = 4 : 1 : 5$

$$x = 1.6 \times \frac{1}{4} = 0.4 (g) \qquad y = 1.6 \times \frac{5}{4} = 2.0 (g) \quad となる$$

「みつご」で覚える！

Lesson 11 の力だめし

授業動画は
こちらから　

➡解説は別冊p.13へ

1 次の問いに答えなさい。

(1) 鉄粉と硫黄粉末を混合して加熱すると，硫化鉄ができる。

① この化学変化を化学反応式で示せ。

[　　　　　　　　　　　　　　　　　　　　　　　]

② 鉄と硫化鉄が別の物質であることを，薬品を使わないで調べるにはどうすれば
よいか。簡単に説明せよ。

[　　　　　　　　　　　　　　　　　　　　　　　]

(2) 水素と酸素が化合して水ができる化学変化を，化学反応式で示せ。

[　　　　　　　　　　　　　　　　　　　　　　　]

(3) 銅を空気中で酸化すると，酸化銅ができる。この化学変化を化学反応式で示せ。

[　　　　　　　　　　　　　　　　　　　　　　　]

2 右の図のように，酸化銅に炭素の粉末を混
合して加熱する実験を行った。これについて，
次の問いに答えなさい。

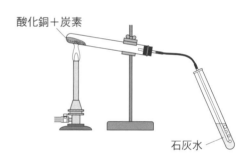

酸化銅＋炭素

石灰水

(1) 加熱を続けると，石灰水はどのように
なるか。簡単に説明せよ。

[　　　　　　　　　　　]

(2) この化学変化で，酸化された物質は何
か。また，還元された物質は何か。

酸化された物質 [　　　　　　] 　還元された物質 [　　　　　]

(3) この化学変化を化学反応式で示せ。

[　　　　　　　　　　　　　　　　　　　　　　　]

3 質量保存の法則を用いて，次の問いに答えなさい。

(1) 銅と酸素は，4：1の質量の比で化合する。2.0 gの銅がすべて酸化すると，生じ
る酸化銅の質量は何gか。　　　　　　　　　　　　　[　　　　　]

(2) マグネシウムと酸素は，3：2の質量の比で化合する。ある質量のマグネシウムが
すべて酸化して10.0 gの酸化マグネシウムが生じたとき，反応したマグネシウムの
質量は何gか。　　　　　　　　　　　　　　　　　　[　　　　　]

Lesson 12 細胞と生命の維持

〔中学2年〕

このLessonのイントロ♪

私たちは生きていくために，食事をして必要なエネルギーを取り入れています。口に入れてごっくんと飲み込んだ食べ物は，どのような場所に運ばれ，どのような形に変えられてからだに吸収されるのでしょうか。

① 生物と細胞

授業動画は
こちらから　　55

生物のからだはすべて細胞からできています。また，生物は大きく**植物**と**動物**に分けることができます。では，植物と動物の細胞はどのようにちがうのでしょうか。

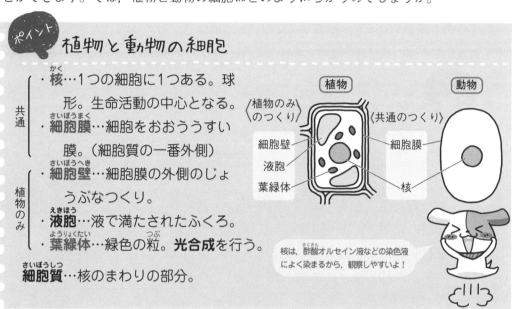

ポイント　植物と動物の細胞

共通
- **核**…1つの細胞に1つある。球形。生命活動の中心となる。
- **細胞膜**…細胞をおおううすい膜。（細胞質の一番外側）

植物のみ
- **細胞壁**…細胞膜の外側のじょうぶなつくり。
- **液胞**…液で満たされたふくろ。
- **葉緑体**…緑色の粒。**光合成**を行う。

細胞質…核のまわりの部分。

〈植物のみのつくり〉
細胞壁
液胞
葉緑体

〈共通のつくり〉
細胞膜
核

植物　　　動物

核は，酢酸オルセイン液などの染色液によく染まるから，観察しやすいよ！

また，生物は，からだをつくっている細胞が**1個**なのか，それとも**多くの細胞**からできているのかによって2つに分けることができます。

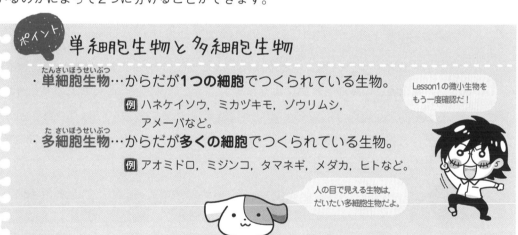

ポイント　単細胞生物と多細胞生物

- **単細胞生物**…からだが**1つの細胞**でつくられている生物。
  - 例 ハネケイソウ，ミカヅキモ，ゾウリムシ，アメーバなど。
- **多細胞生物**…からだが**多くの細胞**でつくられている生物。
  - 例 アオミドロ，ミジンコ，タマネギ，メダカ，ヒトなど。

Lesson1の微小生物をもう一度確認だ！

人の目で見える生物は，だいたい多細胞生物だよ。

Check 1

➡解説は別冊p.13へ

次の問いに答えなさい。
(1) 植物と動物の細胞に共通に見られるつくりを2つ答えよ。

（　　　　　）（　　　　　）

(2) からだが1つの細胞からつくられている生物を何というか。

（　　　　　）

2 消化と吸収

授業動画は
こちらから

私たち動物は「食物」を食べ、それを栄養分とし、体内に吸収して生活しています。食べるときは、まず口の中で歯で細かくくだき、小さくしてから飲みこみますよね。でも、いくら歯で細かくしても、吸収するにはまだまだ大きいのです。これをもっともっと細かくしないと、体内へ吸収できません。そこで、消化というはたらきが必要になるのです。

ポイント 消化

・**消化**…食物中の栄養分を分解して、体内に**吸収しやすい物質に変える**こと。消化管で行われる。

・**消化管**…**口→食道→胃→小腸→大腸→肛門**までの食物が通る1本の長い管。

・**消化液**…だ液、胃液、すい液など、消化に関係して出される液。消化酵素をふくんでいる。

・**消化酵素**…消化液にふくまれていて、食物中の栄養分を吸収しやすい物質に分解するはたらきをもつ。それぞれはたらく成分が決まっている。**人の体温に近い温度**でよくはたらく。

消化管

口
食道
胃
（胃液）
小腸
大腸
肛門

だ液せん
（だ液）
肝臓
（胆汁）
胆のう
すい臓
（すい液）

消化は、消化管という長い管でゆっくり時間をかけて行われます。食物が消化管を通っている間に、**消化液**という液を食物に混ぜます。すると、消化液にふくまれる**消化酵素**が食物を細かく分解していきます。このとき、消化酵素は、「この成分」には「これ」というように、はたらく成分がそれぞれ決まっています。たとえば、だ液にふくまれる**アミラーゼ**という消化酵素は**デンプン**にしかはたらかないのです。

ポイント 消化酵素のはたらき

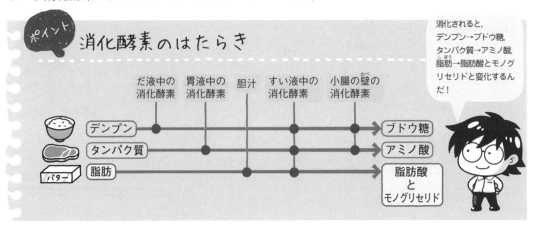

消化されると、デンプン→ブドウ糖、タンパク質→アミノ酸、脂肪→脂肪酸とモノグリセリドと変化するんだ！

補足 炭水化物(デンプンなど)，タンパク質，脂肪を三大栄養素という。炭水化物と脂肪はおもにエネルギー源となり，タンパク質はおもにからだをつくる材料になる。

　デンプンは**だ液**，**すい液**，**小腸の壁の消化酵素**によって**ブドウ糖**に，タンパク質は**胃液**，**すい液**，**小腸の壁の消化酵素**によって**アミノ酸**に，脂肪は**胆汁**やすい液によって**脂肪酸**と**モノグリセリド**になります。そして，消化された栄養分は，いよいよ体内に吸収されるのです。

もっとくわしく
胆汁は肝臓でつくられ，胆のうに一時たくわえられます。胆汁には消化酵素はふくまれていませんが，脂肪の消化を助けるはたらきをしています。

　吸収は，小腸の壁にある**柔毛**というたくさんの突起で行われます。柔毛がたくさんあることによって**小腸の表面積が大きくなり，効率よく栄養分を吸収することができる**のです。

ポイント　吸収

吸収…消化された栄養分が体内にとり入れられること。
　小腸の**柔毛**で行われる。

	小腸の柔毛	
ブドウ糖	**毛細血管**	肝臓へ運ばれる。
アミノ酸		
脂肪酸と モノグリセリド	脂肪に合成後 **リンパ管**	静脈へ入っていく。

吸収される部分がちがうことをしっかりつかもう！

脂肪酸 ＋ モノグリセリド ↓ 柔毛内で脂肪に合成

柔毛の断面

柔毛　ひだ　柔毛　毛細血管　リンパ管　動脈　筋肉　筋肉　静脈

柔毛　ブドウ糖　アミノ酸　血管　リンパ管

　柔毛で吸収された**ブドウ糖**と**アミノ酸**は**毛細血管**に入り，血液中の血しょう中にとけこみ，静脈を通って**肝臓**に運ばれます。一方，**脂肪酸**と**モノグリセリド**は，**柔毛で吸収されたあとふたたび脂肪に合成**され，**リンパ管**に入り，最後は静脈に入ります。

Check 2

解説は別冊p.13へ

次の問いに答えなさい。
(1) だ液や胃液，すい液などの消化にかかわる液を何というか。　　　　　（　　　　　）
(2) デンプンが消化されると，最終的に何という物質になるか。　　　　　（　　　　　）
(3) 小腸の壁にある小さな突起を何というか。　　　　　（　　　　　）

3 呼吸

58

酸素と二酸化炭素の交換である呼吸は，どのように行われているのでしょうか。

 呼吸

- **呼吸系**…鼻や口から，**気管→気管支→肺（肺胞）**とつながっている。
- **肺胞**…気管支の先にある多数の小さなふくろで，表面には毛細血管が分布している。
- **肺胞での気体の交換**…肺胞内の空気から血液中に酸素がとり入れられ，血液中の二酸化炭素を肺胞内に放出している。

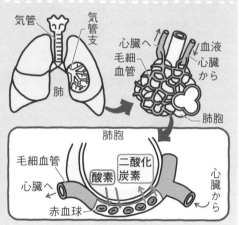

　細胞では，酸素を使って栄養分を分解し，エネルギーをとり出すはたらきを行っています。それを細胞呼吸といいます。細胞呼吸で出された**二酸化炭素**は，血液中に出され，**肺胞内に放出**されます。また，細胞呼吸に必要な**酸素**は，肺胞内の空気から毛細血管にとり入れられ，血液によって，全身の細胞に送られます。

　なお，肺胞がたくさんあることによって，肺の表面積が大きくなり，酸素と二酸化炭素の交換が効率よく行われます。

4 血液の循環

59

　私たちのからだ全体に酸素や栄養分を運んでくれるのが血液です。血液はどのようなものからできているかをまとめます。

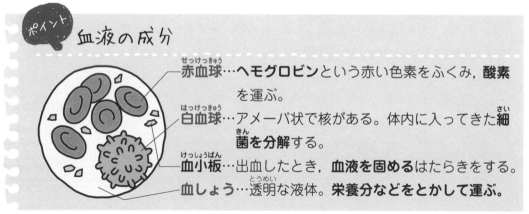 血液の成分

- **赤血球**…**ヘモグロビン**という赤い色素をふくみ，**酸素**を運ぶ。
- **白血球**…アメーバ状で核がある。体内に入ってきた**細菌**を分解する。
- **血小板**…出血したとき，**血液を固める**はたらきをする。
- **血しょう**…透明な液体。**栄養分など**をとかして運ぶ。

血液はただの赤い液体ではなく，いろいろな成分をふくんでいるのですね。そして，この血液が私たちのからだの中を，血管を通ってぐるぐるとめぐっているわけです。これを**血液循環**といい，このときとても大きな役割をもつのが**心臓**です。

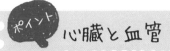 心臓と血管

- **心臓**…厚い筋肉でできていて，収縮と拡張をすることで血液を全身に送る役割をもつ。右心房と左心房，右心室と左心室の4つの部屋がある。
- **動脈**…**心臓から送り出される血液**が流れる血管。
- **静脈**…**心臓にもどる血液**が流れる血管。

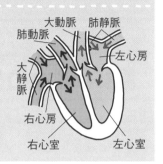

もっとくわしく
血管のうち，特に心臓と肺につながっている動脈や静脈を肺動脈，肺静脈といいます。肺以外の全身につながっている最も太い動脈や静脈を大動脈，大静脈といいます。

では，血管がどのようにからだの中をめぐっているのかをまとめてみましょう。

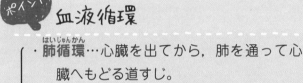 血液循環

- **肺循環**…心臓を出てから，肺を通って心臓へもどる道すじ。

  心臓 →（肺動脈）→ 肺 →（肺静脈）→ 心臓
- **体循環**…からだの各部分を通って心臓へもどる道すじ。

  心臓 →（大動脈）→ 肺以外の全身 →（大静脈）→ 心臓
- **動脈血**…**酸素**を多くふくむ血液。
- **静脈血**…**二酸化炭素**を多くふくむ血液。

肺循環では，肺で**二酸化炭素を放出**し，**酸素をとり入れ**ます。また，**体循環**では，全身の**細胞に酸素や栄養分をあたえ，二酸化炭素や不要物を受けとる**のです。

酸素は肺で受けとるので，酸素を多くふくんだ**動脈血**は肺を通過後の**肺静脈**と**大動脈**を流れています。また，二酸化炭素は全身の細胞から心臓→肺へと送られるので，二酸化炭素を多くふくんだ**静脈血**は，心臓へもどる血液が流れる**大静脈**と，心臓から肺へ向かう血液が流れる**肺動脈**を流れています。

肺動脈には静脈血，肺静脈には動脈血が流れていることに注意しよう！

Check 3

解説は別冊p.14へ

次の問いに答えなさい。

(1) 血液の成分のうち，酸素を運ぶはたらきをもつものを何というか。 （　　　　　）
(2) 心臓から送り出される血液が流れる血管を何というか。 （　　　　　）
(3) 酸素を多くふくんだ血液を何というか。 （　　　　　）

5 不要物の排出

授業動画は
こちらから　60

体内で生じたアンモニアなどの有害な不要物が，どこでどのようにして排出されるのか
を見てみましょう。

肝臓とじん臓

- **肝臓**…有害な**アンモニア**を毒性
  の少ない**尿素**に変える。
- **じん臓の位置**…腰の上部の背骨
  の両側に1対ある。ソラマメの
  ような形。
- **じん臓のはたらき**…血液から，
  尿素などの不要物をとり除く。
  とり除かれたものは，尿とし
  て輸尿管を通って，一時ぼう
  こうにためられたあと，排出される。

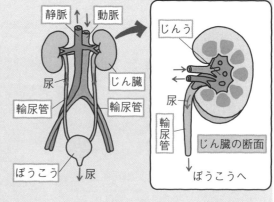

タンパク質は窒素（N）をふくんでいるので，分解されると**アン
モニア**などができます。アンモニアは有害なので，肝臓で毒性の
少ない**尿素**に変えられるのです。そして，尿素をこしとるのがじ
ん臓なのです。

なお，汗の成分は尿の成分とほぼ同じですが，尿よりずっとう
すくなっていて，汗せんから排出されます。

汗は蒸発するときに体表から
熱をうばうので，体温の調節
にも役立っているよ。

Check 4

解説は別冊p.14へ

次の問いに答えなさい。

(1) アンモニアは，肝臓で何という物質に変えられるか。 （　　　　　）
(2) 血液中から尿素をとり除いている器官は何か。 （　　　　　）

Lesson 12 の力だめし

授業動画は
こちらから　61

➡ 解説は別冊p.14へ

1 右の図は，植物の細胞を模式的に表したものである。次の問いに答えなさい。

(1) A〜Eの部分の名前を，それぞれ答えよ。

A [　　　　　] 　　　B [　　　　　]

C [　　　　　] 　　　D [　　　　　]

E [　　　　　]

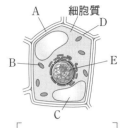

(2) 植物の細胞だけに見られるつくりはどれか。図のA〜Eか

ら3つ選び，記号で答えよ。 　　　　　　　 [　　　　　　　]

2 消化器官とそのはたらきについて，次の問いに答えなさい。

(1) 次の①〜③の器官でそれぞれ分泌，またはつくられる消化液の名前を答えよ。また，

それぞれの消化液はおもに何という栄養分に対してはたらくか。すべて答えよ。

① 胃 …消化液 [　　　　　] 　　はたらく栄養分 [　　　　　]

② 口 …消化液 [　　　　　] 　　はたらく栄養分 [　　　　　]

③ すい臓…消化液 [　　　　　] 　　はたらく栄養分 [　　　　　]

(2) 右の図は，小腸の壁の表面に無数に見られる，非常に小さな突起

状のつくりである。

① 右のつくりを何というか。 　　　　 [　　　　　]

② このような突起がたくさんある利点は何か。説明せよ。

[　　　　　　　　　　　　　　　　　　　　]

3 右の図は，血液が体内を循環するようすを模式的

に表している。次の問いに答えなさい。

(1) 二酸化炭素を最も多くふくむ血液が流れる血

管はどれか。a〜jから2つ選び，記号で答えよ。

[　　] [　　]

(2) 酸素を最も多くふくむ血液が流れる血管はど

れか。a〜jから2つ選び，記号で答えよ。

[　　] [　　]

(3) 食後しばらくすると，栄養分を最も多くふく

む血液が流れる血管はどれか。a〜jから1つ選

び，記号で答えよ。 　　　　 [　　]

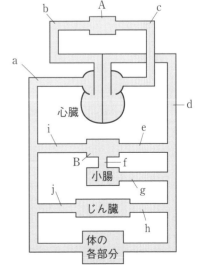

細胞と生命の維持　**89**

Lesson 13 刺激と反応

このLessonのイントロ♪

私たちのからだは，高度な情報処理のしくみをもっています。ここでは，私たちがいつもしている「さまざまな行動」がどんなしくみで実行されているか，人間のからだのはたらきをおさえましょう。

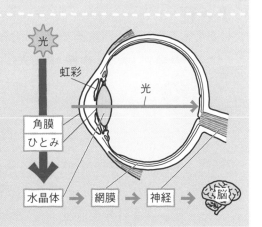
1 感覚器官

62

　私たちはつねに外界（まわりの世界）からいろいろな刺激を感じとり，それを判断して行動し，生活しています。外からの刺激を受けとる感覚の種類には大きく5つあり，**五感**ともよばれます。五感とは，**視覚，聴覚，嗅覚，味覚，触覚**のことで，これらの刺激を受けとることのできる器官を，**感覚器官**といいます。

ポイント 感覚器官

- **刺激**…光や音，におい，味，痛みなど，生物にはたらき，特定の反応を引き起こす原因となるもの。
- **反応**…刺激に対して，生物が行う変化や動きのこと。
- **感覚器官**…外界の刺激を受けとる器官。受けとる刺激は，それぞれの感覚器官によって決まっている。

感覚器官	受けとることのできる刺激
目	光
耳	音
鼻	におい
舌	味
皮膚	温度，痛み，圧力，接触

目のつくり

　中学の理科では，感覚器官は「目」と「耳」をくわしく扱うので，その2つの感覚器官を図でまとめていきましょう。

ポイント 目のつくり

- **虹彩**…周囲の明るさに応じてのび縮みし，水晶体（レンズ）に入ってくる**光の量を調節**する。
- **ひとみ**…虹彩に囲まれた黒い部分。
- **水晶体（レンズ）**…網膜上にピントのあった像を結ぶ。
- **網膜**…光の刺激を受けとる細胞が並んだ膜。

光
虹彩
光
角膜
ひとみ
水晶体 → 網膜 → 神経 → 脳

　外界から光の刺激を受けとるとき，**虹彩で光の量を調節**し，**水晶体で光を屈折**させ，**網膜上にピントのあった像**を結びます。網膜で受けとった光の刺激は信号に変わり，神経を通って**脳**に伝わり，ものが見えたと判断します。

👂耳のつくり

では，次に耳のつくりをまとめます。

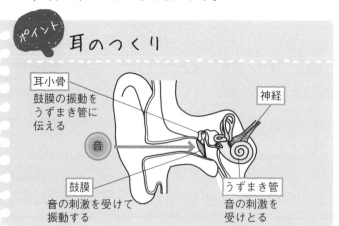

ポイント　耳のつくり

耳小骨
鼓膜の振動を
うずまき管に
伝える

神経

音

鼓膜
音の刺激を受けて
振動する

うずまき管
音の刺激を
受けとる

ヤッホー！

　耳では，空気の振動（しんどう）が鼓膜（こまく）を振動させ，その振動は耳小骨（じしょうこつ）をへて，うずまき管に伝わります。次に，うずまき管から神経を通して脳に信号が伝わり，初めて音として感じるのです。

Check 1

🐟解説は別冊p.15へ

次の問いに答えなさい。
(1) 目や耳など，外界からの刺激（しげき）を受けとる器官を何というか。　　　　（　　　　　）
(2) 目に入ってくる光の量を調節するつくりを何というか。　　　　　　　　　（　　　　　）

---

2 刺激の伝わり方と反応

授業動画は
こちらから

🧠神経

　外界からの刺激が感覚器官で受けとられると，**信号**に変えられます。この信号が伝わるところが**神経**で，大きく**中枢神経**（ちゅうすう）と**末しょう神経**（まっ）に分けられます。

ポイント　ヒトの神経系

・**神経系**…神経細胞の集まり。中枢神経と末しょう神経からなる。

・**中枢神経**…神経細胞が多く集まっている。**脳**と**せきずい**からなり，信号を
　　　　　受けとり，反応を起こす**命令を出す**。

・**末しょう神経**…中枢神経から枝分かれした神経で，感覚器官が受けとった
　　　　　刺激の信号を中枢神経に伝える**感覚神経**と，中枢神経からの命令を筋肉
　　　　　などに伝える**運動神経**からなる。

🫘反応

　刺激の信号が神経を伝わり，それに対して私たちは反応しています。

　反応には，**意識して行う反応と，意識しないで行う反応**があります。この2つの反応にはどのようなちがいがあるのでしょうか。まずは，意識して行う反応をまとめていきましょう。

　例として，次のような反応を考えることにします。

手をあたためるために
手袋をしよう

皮膚

手が冷たい

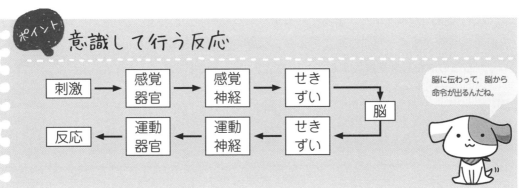

ポイント

意識して行う反応

刺激 → 感覚器官 → 感覚神経 → せきずい → 脳 → せきずい → 運動神経 → 運動器官 → 反応

脳に伝わって，脳から
命令が出るんだね。

　意識して行う反応のときの刺激や命令の伝わり方を，上の例を使って考えると，次のようになります。

　まず，「手が冷たくなってきた」という刺激を**皮膚**という**感覚器官**で受けとり，この刺激が**感覚神経**を通って**せきずい**，**脳**へと伝わります。次に，刺激を受けた脳は，「手をあたためるために手袋をしよう」という命令を出すわけです。そして，その命令は**せきずい**を通り，**運動神経**をへて，筋肉などの**運動器官**に伝わり反応を起こすのです。

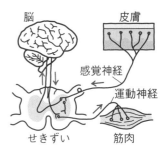

脳　　皮膚

感覚神経

運動神経

せきずい　　筋肉

　大切なのは，「**意識する**」ということは「**考える**」こと，つまり，**脳を使っている**ということなのです。

　では，「意識しないで行う反応」とはどのようなものでしょうか。

　たとえば，うっかり熱いやかんに手が触れると思わず手を引っこめますね。この反応は，熱いという意識が生じる前に起こっています。

　このように，決まった刺激に対して，**無意識に起こる反応**を**反射**といいます。

熱いっ

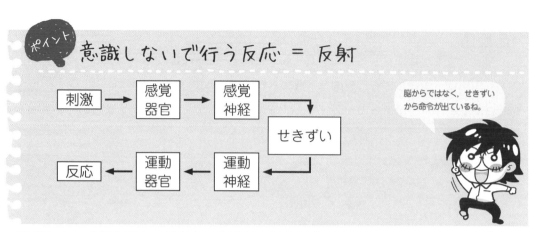

ポイント 意識しないで行う反応 ＝ 反射

刺激 → 感覚器官 → 感覚神経 → せきずい → 運動神経 → 運動器官 → 反応

脳からではなく，せきずいから命令が出ているね。

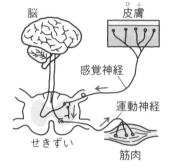

　意識しないで行う反応＝反射と，意識して行う反応の大きなちがいは，命令を出す中枢が**せきずいか脳**かという点です。

　反射では，刺激の信号が**せきずいで折り返される**ので，反応までの時間が**短く**なります。このため，**危険から身を守る**ことや**からだのはたらきを調節する**ことに役立っているのです。

　反射の例としては，次のようなものもあります。

・食物を口に入れると，自然にだ液が出る。

・明るいところから暗い部屋に入ると，ひとみが大きくなる。

Check 2

☞解説は別冊p.15へ

　次の問いに答えなさい。

（1）　刺激に対する反応の命令を出すせきずいや脳を何というか。　　　（　　　　　　）

（2）　意識しないで行う反応を何というか。　　　　　　　　　　　　　（　　　　　　）

---

③ 動くためのしくみ

授業動画はこちらから 64

　私たちがからだを動かすときには，**骨格**と**筋肉**が密接に関係しています。

ポイント うでの動きと筋肉のようす

・**関節**…骨と骨どうしが，動きやすい形で結合している部分。

・**けん**…筋肉を骨に結びつけている組織。

・**うでの屈伸**…1対の筋肉が**交互に縮む**ことによって，うでがのびたり曲がったりする。

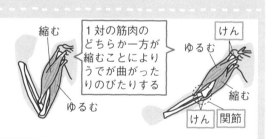

1対の筋肉のどちらか一方が縮むことによりうでが曲がったりのびたりする

曲げる	のばす
うでを曲げる筋肉が縮む	うでをのばす筋肉が縮む

➡解説は別冊p.15へ

1 右の図は，目のつくりを模式的に表したものである。次の問いに答えなさい。

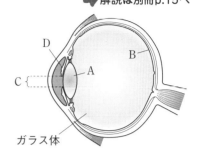

ガラス体

(1) A〜Dの部分の名前を，それぞれ答えよ。

A [   ]   B [   ]

C [   ]   D [   ]

(2) Dの部分のはたらきを，簡単に説明せよ。

[   ]

2 次の問いに答えなさい。

(1) 次のア〜エのうち，感覚器官にあてはまるものをすべて選び，記号で答えよ。

　ア. 皮膚　　　イ. 舌　　　ウ. すい臓　　　エ. 肺　　　[   ]

(2) 耳では，空気の振動として伝わる音を受けとっている。耳のつくりの各部を表す次のア〜エを，音の刺激が伝わる順に並べ，記号で答えよ。[   ]

　ア. 耳小骨　　　イ. 鼓膜　　　ウ. 神経　　　エ. うずまき管

(3) 刺激の信号を受けとり，判断をしたり命令を出したりするはたらきをする神経を，何神経というか。　　　　　　　　　　　　　[   ]神経

(4) (3)の神経から出て，からだ全体に分布している神経を，まとめて何というか。

[   ]神経

(5) 次の①，②の反応において，刺激や反応の信号が伝わる順序はどうなるか。あとのア〜ウからそれぞれ1つずつ選び，記号で答えよ。

① 信号が青になったので横断歩道を渡った。　　　　[   ]

② 熱いやかんに手が触れ，思わず手を引っこめた。　[   ]

　ア. 刺激→感覚器官→感覚神経→せきずい→脳→せきずい→運動神経→運動器官

　イ. 刺激→感覚器官→運動神経→せきずい→脳→せきずい→感覚神経→運動器官

　ウ. 刺激→感覚器官→感覚神経→せきずい→運動神経→運動器官

3 右の図は，うでとうでの筋肉を表している。うでを曲げるとき，筋肉A，Bはどのようになるか。次のア〜エから1つ選び，記号で答えよ。　　　[   ]

　ア. AもBも縮む。　　　イ. Aは縮み，Bはのびる。

　ウ. Aはのび，Bは縮む。　エ. AもBものびる。

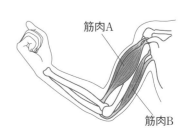

筋肉A

筋肉B

植物のつくりとはたらき

［中学2年］

このLessonのイントロ♪

植物のからだはけっこう複雑なんです。でも，1つ1つきちんと勉強していけば決して難しいものではありません！
植物のつくりを，「図」を確認しながら学んでいきましょう。

1 根と茎のつくり

根のつくり

　まずは，根のつくりから見ていきます。根は2種類あります。太い根から細い根が枝分かれしていく，**主根と側根**からなるタイプと，茎の下の端から太さが同じ根が広がる**ひげ根**からなるタイプのものです。どちらも，根の先端付近には，毛のような**根毛**というつくりがあります。根毛は，根の表面の細胞の一部が細長くのびたものです。

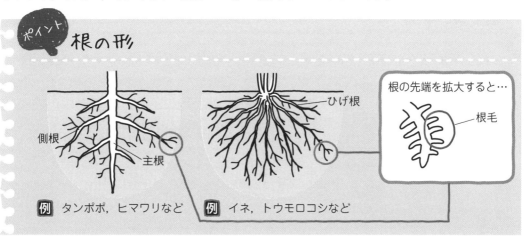

ポイント 根の形

側根
主根
ひげ根

根の先端を拡大すると…
根毛

例 タンポポ，ヒマワリなど　　例 イネ，トウモロコシなど

　根のはたらきは，**からだを支えること**と，根毛などから**水や水にとけこんだ養分**（肥料分）**を吸収すること**です。根毛によって**根の表面積が大きくなり**，より多くの水や養分を吸収することができます。

茎のつくり

　茎も2種類あります。茎の断面図を見るとよくわかります。茎には，**根から吸収された水**（と養分）が通る**道管**と，**葉でつくられた栄養分**が通る**師管**があります。道管と師管などが束のように集まっている部分を**維管束**といいます。維管束は，根・茎・葉とつながっています。

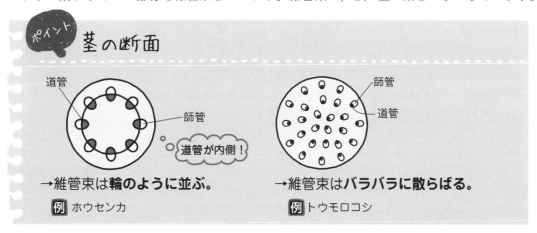

ポイント 茎の断面

道管
師管
道管が内側！
→維管束は**輪のように並ぶ**。
例 ホウセンカ

師管
道管
→維管束は**バラバラに散らばる**。
例 トウモロコシ

解説は別冊p.16へ

Check 1

次の問いに答えなさい。
(1) 根の先にある細い毛のようなものを何というか。 （　　　　　）
(2) 道管と師管が集まって束になっている部分を何というか。 （　　　　　）

② 葉のつくり

授業動画は
こちらから

多くの植物には，葉がついていますが，葉はどんなつくりをしているのでしょうか。

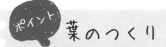 葉のつくり

・**葉脈**…葉に見られるすじで葉の維管束。**網状脈**と**平行脈**がある。

網状脈
例 アサガオ，ツバキ

平行脈
例 ユリ，イネ

・**葉の断面**

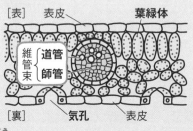

[表] 表皮　　**葉緑体**
維管束 { 道管 師管 }
[裏] **気孔** 表皮

葉の表と裏を
まちがえない
ようにしよう！

・**気孔**…葉の表皮にある穴（すき間）。**葉の裏側**に多くある。
　　　　気孔の開閉によって，気体の出し入れができる。
・**葉緑体**…葉の内部の細胞の中にある緑色の粒。
　　　※細胞については，Lesson 12でくわしく扱う。

　葉脈というすじは，網目状の**網状脈**，平行に並んだ**平行脈**があります。なお，葉が緑色
に見えるのは，**葉緑体**という粒があるからです。

Check 2

解説は別冊p.16へ

次の問いに答えなさい。
(1) 葉のすじのようなつくりを何というか。 （　　　　　）
(2) 葉の表皮にある穴を何というか。 （　　　　　）

授業動画は
こちらから

3 葉のはたらき

葉のはたらきは，光合成と蒸散がおもなものです。それぞれどのようなはたらきなのか見ていきましょう。

ポイント 葉のはたらき

- **光合成**…植物が**光**を受けて**デンプン**などの栄養分をつくること。このとき，**酸素**もつくられる。
- **蒸散**…植物のからだから水が**水蒸気**になって出ていくこと。おもに**気孔**で行われる。これによって，植物内の**水分量の調節**ができる。

光合成については **4** でまたくわしく扱いますが，植物は私たち動物のように何かを食べることによって，栄養分をとり入れるのではなく，自分自身で栄養分をつくることができます。そのはたらきが光合成です。

蒸散

葉の表皮にある穴（すき間）を，気孔といいます。ふつうは，葉の裏側にたくさんあります。三日月形をした孔辺細胞のはたらきで開閉し，気体を出し入れします。

葉のはたらきの蒸散は，おもに**気孔**で行われています。

植物のからだから水が**水蒸気**になって出ていくことが蒸散です。**気孔の開閉**で蒸散の量を調節し，植物体内の**水分量を調節**します。また，蒸散により，根からの**水の吸収がさかん**になります。

孔辺細胞
水蒸気
気孔

蒸散のときの気孔

もっとくわしく

それ以外の蒸散の効果に，体温の調節があります。水が水蒸気になるときにまわりから熱をうばい，体温を下げています。

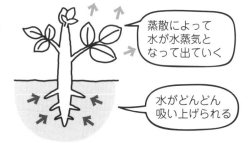

蒸散によって水が水蒸気となって出ていく

水がどんどん吸い上げられる

Check 3

📖 解説は別冊p.16へ

次の問いに答えなさい。
(1) 植物が光を受けてデンプンをつくるはたらきを何というか。 （　　　　　）
(2) 植物のからだから水が水蒸気となって出ていくことを何というか。 （　　　　　）

4 光合成と呼吸

光合成

　光合成は，**葉緑体**で，**二酸化炭素**と**水**を材料にして，太陽の**光**（エネルギー）を利用して**栄養分をつくる**はたらきです。そのさい，**酸素**もつくられます。光合成でつくり出した栄養分は，成長や生活に使われます。

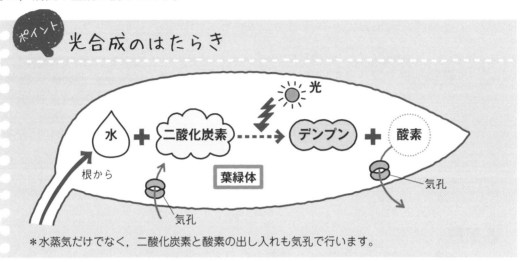

ポイント 光合成のはたらき

＊水蒸気だけでなく，二酸化炭素と酸素の出し入れも気孔で行います。

　この図はとても大切です。何も見ないでかけるように，10回くらいかく練習をしておくといいです。どの場所で，何が材料で，何を利用して，何がつくられるのかが大事です。

補足 デンプンにヨウ素液をたらすと青紫色になります。

呼吸

　みなさんは呼吸（こきゅう）を毎日していますよね。今，この本を読んでいるときもスーハースーハー呼吸をしているはずです。もしかして，呼吸をするのは動物だけだと思っていませんか。実は，植物も呼吸をしているんです。

植物も生き物だから，もちろん呼吸するわね。

ポイント 呼吸のしくみ

・**酸素**をとり入れ，**二酸化炭素**を出す。
・昼も夜も行われている。

　ここで，先ほど勉強した光合成のはたらきを思い出してください。光合成と呼吸のはたらきは，逆のはたらきと見ることができるんです。

ポイント **光合成と呼吸のはたらき**

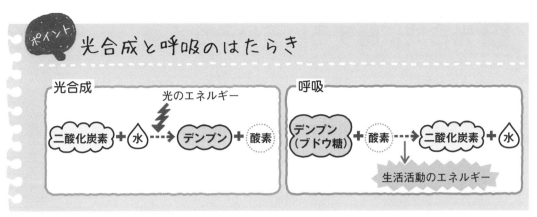

上の図のように，光合成と呼吸では**気体の出入りが逆**になっています。さらに，**光合成はエネルギーを使う**はたらきで，**呼吸はエネルギーをつくる**はたらきです。

次に，気体の出入りを時間に注目して見ていきます。

ポイント **光合成と呼吸の気体の出入り**

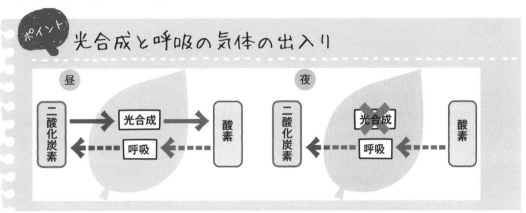

呼吸は，昼も夜も行われています。しかし，光合成は太陽の光を利用するので，行われるのは光の当たる明るい時間だけで，夜は行われません。そして，晴れた日の昼などガンガン強い光が当たる時間は，光合成がさかんに行われるので，呼吸で使われる酸素よりも**はるかに多い量の酸素**がつくり出されます。逆に，夜などの光が当たらない時間は，呼吸だけを行うので，酸素を吸収し，二酸化炭素を出します。

もっとくわしく
朝や夕方など光が弱いときは，光合成と呼吸がつり合います。そのため，全体として気体の出入りがないようにみえます。

Check 4　　　　　　　　　　　　　　　　　　解説は別冊p.16へ

次の文の（　）に入る言葉を答えなさい。
（1）　光合成は，水と（　　　）を材料に，（　　　）を利用して，（　　　）と酸素をつくる。
（2）　晴れた日の昼は，光合成と呼吸では，（　　　）のほうがさかんに行われる。

5 光合成に関するいろいろな実験

授業動画は
こちらから ⑦

光合成は，実験に関する問題がテストでよく出題されます。ここでは2つの実験を見ていきましょう。

🔬 光合成が行われる場所を調べる実験

■方法

①ふ入りの葉を用意し，一部をアルミニウムはくでおおい，日光を当てる。
　└ 葉緑体がない

②葉を熱湯に30秒ひたす。

③葉を湯せんしたエタノールにひたし，脱色する。

④葉を水洗いしてからヨウ素液にひたす。
　　　　　　　└ デンプンがあるかどうかを調べる。
　　　　　　　　デンプンがあれば青紫色になる。

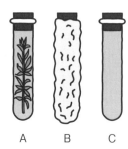

■結果

１…緑色の部分は青紫色（あおむらさき）に変化したが，ふの部分は変化しない。

２…アルミニウムはくでおおったところは，変化しない。

もっとくわしく　方法①でアルミニウムはくでおおうのは，日光を当てないようにするため。
方法③でエタノールで脱色するのは，色の変化を見やすくするため。

■結果からわかること

結果１より，光合成は**葉緑体がある**ところで行われる。

結果２より，光合成は**日光が当たる**ところで行われる。

エタノールは
引火しやすいから，
直接，火で加熱しては
いけないよ。

🔬 光合成と二酸化炭素の関係を調べる実験

■方法

①青色のBTB溶液に二酸化炭素をとかして緑色にして，
　試験管A～Cに分ける。

②A→オオカナダモを入れる。
　B→オオカナダモを入れアルミニウムはくでおおう。
　C→何も入れない。

③A～Cを光に当てたまましばらく放置する。

A　　B　　C

■結果

A→青色にもどる。B→黄色になる。C→変化しない。

■結果からわかること

Aの結果より，光合成には**二酸化炭素**が使われている。

Bの結果より，日光が当たらないため，**呼吸のみ**行われ，二酸化炭素がふえた。

Cの結果より，光を当てただけでは色は変化しない。

二酸化炭素が水にと
けると酸性になって
BTB溶液が黄色に
なるよ。

補足　BTB溶液…溶液の性質を調べるときに使う指示薬のことです。
　　　酸性なら黄色，中性なら緑色，アルカリ性なら青色に変わります。

Lesson 14 の 力だめし

解説は別冊p.17へ

1 葉のつくりとはたらきについて, 次の問いに
答えなさい。

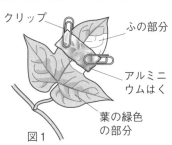

A   B   C

(1) 右の図のA, Bのような葉脈を, それぞ
れ何というか。

A [   ] B [   ]

(2) 葉の表皮には, 右の図のCのようなすき
間が見られる。これを何というか。

[   ]

(3) Cを通り, 葉の内部から出ていく気体の名前を3つ答えよ。

[   ] [   ] [   ]

(4) Cを通り, 空気中から葉の内部にとりこまれる気体を2つ答えよ。

[   ] [   ]

2 葉のはたらきについて, 次の問いに答えなさい。

(1) 植物が酸素をとり入れ, 二酸化炭素を放出するはたらきを何というか。

[   ]

(2) 植物の葉が日光を利用して栄養分をつくるは
たらきを調べるため, 一晩暗室に置いたアサガオ
の葉を右の図1のようにして十分日光に当てた。

① 下線部のはたらきを何というか。

[   ]

② 下線部のはたらきに利用される物質は何か。
2つ答えよ。 [   ] [   ]

③ 下線部のはたらきでつくられた栄養分は, お
もに何という物質か。 [   ]

クリップ

ふの部分

アルミニ
ウムはく

葉の緑色
の部分

図1

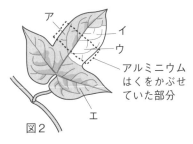

ア
イ
ウ

アルミニウム
はくをかぶせ
ていた部分

エ

図2

④ 日光に当てた葉を, 次のア～エのようにし
た。正しい操作の手順にア～エを並べよ。

ア. 葉をあたためたアルコールにつけた。

イ. 葉を熱い湯につけた。

ウ. 葉をヨウ素液にひたした。

エ. 葉を水洗いした。　　　　[　　→　　→　　→　　]

⑤ ヨウ素液にひたしたとき, 青紫色（あおむらさき）に変化した部分はどれか。図2のア～エから
1つ選び, 記号で答えよ。

[   ]

Lesson 15 回路

[中学2年]

このLessonのイントロ♪

私たちのまわりには数多くの「電化製品」があります。それら電化製品の中には「回路」があります。回路を理解するには,「オームの法則」を使いこなすことが大切です。

1 回路

回路

　乾電池と導線，豆電球をつないで豆電球を光らせる。小学校でこんな実験をしませんでしたか。豆電球が光ったのは，乾電池の**＋極から－極まで，電気が通る道すじができた**からです。この電気が流れる道すじを**回路**といい，それを電気用図記号を使って表したものを**回路図**といいます。回路を流れる電気を**電流**といいます。

ポイント 回路図

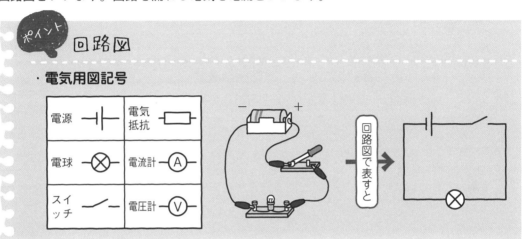

直列回路と並列回路

　回路には，**直列回路**と**並列回路**の2つがあります。直列回路は**1本道**，並列回路はどこかで**分かれ道**がある，というイメージでとらえておくとわかりやすくなります。

ポイント 直列回路と並列回路

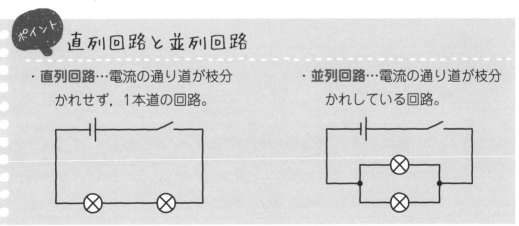

Check 1

解説は別冊p.17へ

次の問いに答えなさい。
(1) 電気が通る道すじを何というか。　　　　　　　　　　（　　　　　）
(2) 電流の通り道が1本の回路を何というか。　　　　　　（　　　　　）

授業動画はこちらから [74]

2 回路とオームの法則

♣電流

電流の流れる向きは，電源の**＋極から出て**，**電源の一極に入ります**。電流は文字Iで表し，単位には**アンペア（A）**や**ミリアンペア（mA）**を用います。**1 A＝1000 mA**

電流の大きさをはかりたいときは，**電流計**を使います。

ポイント 電流計の使い方

・**電流計のつなぎ方**…電流計は，はかろうとする部分に**直列**につなぎ，**＋端子は電源の＋極側**，**－端子は電源の一極側**につなぐ。

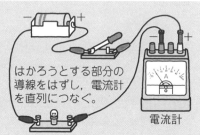

はかろうとする部分の導線をはずし，電流計を直列につなぐ。

電流計

・**－端子の選び方**…電流の大きさが予測できないときは，最大の**5 Aの端子**につなぐ。針のふれが小さすぎるときは，500 mA，50 mAの端子に順につなぎ変える。

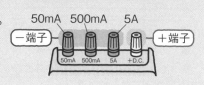

50mA　500mA　5A
－端子　　　　　　　　　　　＋端子
50mA　500mA　5A　+D.C.

♣電圧

回路に電流を流そうとするはたらきを**電圧**といい，文字Vで表し，単位には**ボルト（V）**を用います。

電圧の大きさをはかりたいときは，**電圧計**を使います。

ポイント 電圧計の使い方

・**電圧計のつなぎ方**…電圧計は，はかろうとする部分に**並列**につなぎ，**＋端子は電源の＋極側**，**－端子は電源の一極側**につなぐ。

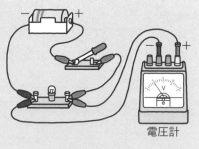

電圧計

・**－端子の選び方**…電圧の大きさが予測できないときは，最大の**300 Vの端子**につなぐ。針のふれが小さすぎるときは，15 V，3 Vの端子に順につなぎ変える。

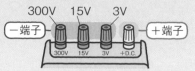

300V　15V　3V
－端子　　　　　　　　　　　＋端子
300V　15V　3V　+D.C.

もっとくわしく

電流計と電圧計で，－端子をまず，最大の端子につなぐのは，大きな電流が流れたり大きな電圧がかかったりすると，針がふり切れて，計器がこわれてしまう危険があるから。

抵抗（電気抵抗）

　電流の**流れにくさ**を表した量を**抵抗（電気抵抗）**といい、文字Rで表します。単位は**オーム（Ω）**で、抵抗の値が**大きいと電流は弱く**なり、抵抗の値が**小さいと電流は強く**なります。

♠オームの法則

　電流I、電圧V、抵抗Rの間の関係を公式で表すと次のようになります。変形式から、電流は電圧に比例し、抵抗に反比例することがわかります。

> ### ポイント　オームの法則
>
> $$V [V] = R [Ω] \times I [A]$$
>
> **電圧 ＝ 抵抗 × 電流**
>
> 〈変形式〉
>
> $$I = \frac{V}{R} \qquad R = \frac{V}{I}$$
>
> **注** オームの法則での電流の単位はアンペア（A）。
> 　電流の単位がミリアンペア（mA）で示されているときは、アンペア（A）に直して計算する。

Check 2

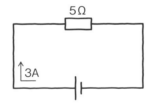

➡解説は別冊p.17へ

次の問いに答えなさい。
(1) 電流の単位は何か。　　　　　　　　　　　　　　　　　　（　　　　　）
(2) 右の図で、電源の電圧は何Vか。　　　　　　　　　　　　（　　　　　）

---

3 直列回路、並列回路での電流・電圧・抵抗

授業動画は
こちらから　

> ### ポイント　直列回路・並列回路での電流
>
> ・**直列回路での電流**…回路のどの点でも**等しい**。
>
> ・**並列回路での電流**…回路が枝分かれしたときの電流の和は、分かれる前の電流と、合流したあとの電流と**等しい**。
>
> $$I = I_1 = I_2$$
>
>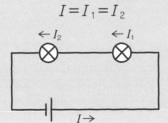
>
> $$I = I_1 + I_2$$
>
>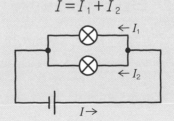

直列回路・並列回路での電圧

・**直列回路での電圧**…各部分に加わる電圧の和は電源の電圧に等しい。

$$V = V_1 + V_2$$

・**並列回路での電圧**…各部分に加わる電圧は，**電源の電圧に等しい。**

$$V = V_1 = V_2$$

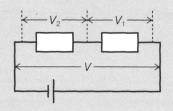

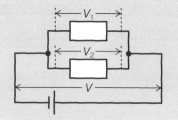

直列回路・並列回路での回路全体の抵抗

・**直列回路での回路全体の抵抗**
…各部分の抵抗の和に等しい。

$$R = R_1 + R_2$$

・**並列回路での回路全体の抵抗**…全体の抵抗は，各部分の抵抗より**小さい。**

$$R < R_1 \qquad R < R_2$$

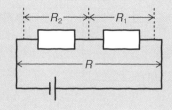

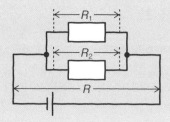

👥回路の計算のしかた

では，これまでのポイントをもとに，回路の問題にチャレンジしてみましょう。

例 右の回路図で，次の①～④を求めよ。ただし，グラフは，電熱線aに加えた電圧と流れる電流の関係を表したものである。

① 電熱線bに流れる電流は何Aか。
② 電熱線bにかかる電圧は何Vか。
③ 電源の電圧は何Vか。
④ 回路全体の抵抗は何Ωか。

<解き方>

① 直列回路だから，回路のどの点でも電流は等しい。したがって，0.4 A…答

② オームの法則より，電圧＝抵抗×電流　だから，電圧＝5〔Ω〕×0.4〔A〕＝2〔V〕 …答

③ 電熱線aにかかる電圧はグラフより4Vで，直列回路での回路全体の電圧は，
各部分の電圧の和に等しいから，電源の電圧＝4＋2＝6〔V〕 …答

④ 電源の電圧が6Vで，回路を流れる電流が0.4Aだから，
オームの法則より，抵抗＝電圧÷電流だから，抵抗＝6〔V〕÷0.4〔A〕＝15〔Ω〕 …答

Lesson 15 の力だめし

解説は別冊p.17へ

1 右の図は，並列につないだ電池に豆電球をつなぎ，豆電球にかかる電圧と回路に流れる電流を測定しようとしているようすを示している。次の問いに答えなさい。

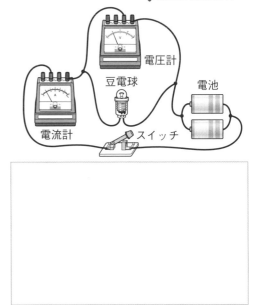

(1) 右の図の回路図を，右の[　　　]に電気用図記号を用いてかき表せ。

(2) スイッチを入れると，電圧計が1.5 V，電流計が300 mAを示した。豆電球の抵抗は何Ωか。

[　　　　　　　]

(3) 用いた豆電球と同じ豆電球をもう1つ並列につなぐと，電圧計は何Vを示すか。また，電流計は何Aを示すか。

電圧計[　　　　　] 　電流計[　　　　　]

2 電圧計，電流計の使い方について述べた次の文のうち，誤っているものをすべて選び，記号で答えなさい。[　　　　　]

ア．電圧計，電流計とも，＋端子は電源の＋極側につなぐ。

イ．流れている電流の強さが不明の場合，最初は最も小さい値の－端子を使う。

ウ．電圧計ははかろうとする部分に直列につなぐ。

エ．針の動きが小さいときは，より小さな値の－端子につなぎ変える。

3 右の図の回路について，次の問いに答えよ。

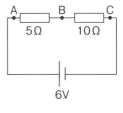

(1) 回路全体の抵抗は何Ωか。[　　　　　　　]

(2) A点，B点，C点を流れる電流の強さは，それぞれ何Aか。

A点[　　　　　] 　B点[　　　　　]

C点[　　　　　]

(3) AB間，BC間にかかる電圧は，それぞれ何Vか。

AB間[　　　　　] 　BC間[　　　　　]

(4) 2つの抵抗を並列につないで同じ電源につなぐと，回路全体を流れる電流は何Aになるか。

[　　　　　　　]

Lesson 16 電流の正体と電気エネルギー

[中学2年]

このLessonのイントロ♪

電化製品の表示や電気代の請求書に，「消費電力○○w」，「使用量○○kwh」などと書かれているのを見たことがあるでしょうか。電力は電気のエネルギーを表しています。ここでは，電気のエネルギーと電流の正体についてまとめていきましょう。

1 電気のエネルギー

✿電力

　私たちがふだん使う電気器具で，電力○○Wと表示されているのを見たことはありませんか。実は，この電力とは，電気器具の能力（電気エネルギー）を示すものなのです。

 電力

- **電力**…1秒間に消費する電気エネルギーの量。単位にはワット（W）を用いる。1Vの電圧で1Aの電流が流れたときの電力が1W。

電力P〔W〕＝電圧V〔V〕×電流I〔A〕

電力PはPower
のPだよ。

✿電力量

　使った電気器具が消費した電気エネルギーの量を**電力量**といいます。電力量は使用時間が長いほど大きくなります。電気代は，この電力量によって計算されているのです。

 電力量

- **電力量**…ある時間に消費した電力の量。単位にはジュール（J）を用いる。1Wの電力を1秒間使ったときの電力量が1J。

電力量W〔J〕＝電力P〔W〕×時間t〔s〕

※単位には，ワット秒（Ws），ワット時（Wh），キロワット時（kWh）なども使われる。

1J＝1Ws
1Wh＝1W×1h＝
1W×3600s＝3600Ws＝
3600J だよ。

(補足) hは時間を表す「hour」の略で，sは秒を表す「second」の略。

✿発熱量

　電熱線に電流を流すと発熱します。トースターや電気ストーブはこの熱を利用しています。

 電流による発熱

- **発熱量**…発生した熱をエネルギーの量として表したもの。単位にはジュール（J）を用いる。1Wの電力で1秒間に発生した熱量が1J。

発熱量Q〔J〕＝電力P〔W〕×時間t〔s〕

電力量と同じ計算
のしかただよ。

2 直流と交流

授業動画は
こちらから 79

　私たちが日常使っている乾電池や家庭用のコンセント。この2つは，実は流れている電流の種類がちがいます。乾電池は**直流**，家庭用コンセントは**交流**の電流が流れています。

　乾電池には＋極，一極の2つがありますが，コンセントはどの向きにプラグをさしこむかということは考えられていません。では，直流と交流ではどのようにちがうのでしょうか。

ポイント　直流と交流

	直　流	交　流
電流の向き	一　定	周期的に変化する
電流の大きさ	一　定	周期的に変化する

東日本では50Hz，西日本では60Hzが使われているよ。

・**周波数**…交流で，1秒間に電流の向きが変化する回数。
　　単位はヘルツ（Hz）である。

Check 1

🏃 解説は別冊p.18へ

　次の問いに答えなさい。
　(1)　電流の向きと大きさがたえず変化する電流を何というか。　　　　　　　（　　　　　　）
　(2)　交流で，電流の向きが1秒間に変化する回数を何というか。　　　　　　（　　　　　　）

---

3 静電気

授業動画は
こちらから 80

　下じきで髪の毛をこすって，髪の毛を逆立てて遊んだことはありませんか。これは，異なる種類の物質をこすったとき，物体が電気を帯びるからなのです。

ポイント　静電気

・**静電気**…異なる種類の物質どうしを摩擦したときに生じる電気。
　　一方に＋の電気，他方に－の電気が生じる。
・**電気の力**…異なる種類の電気には引き合う力がはたらき，同じ種類の電気
　　にはしりぞけ合う力がはたらく。

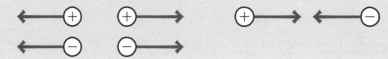

静電気が生じる理由

　どんな物体でも，もともと＋と－の電気をたくさんもっています。ふつうは，＋と－の電気の量が同じで，**電気的に中性**（＋でも－でもない）なのです。ところが，異なる物質を摩擦すると，**片方の－の電気がもう一方の物質に移る**ことがあります。そうすると，－の電気がなくなったほうは－の電気が足りなくなるので**＋の電気を帯び**，－の電気が移ってきたほうは－の電気が多くなるので，**－の電気を帯びる**のです。

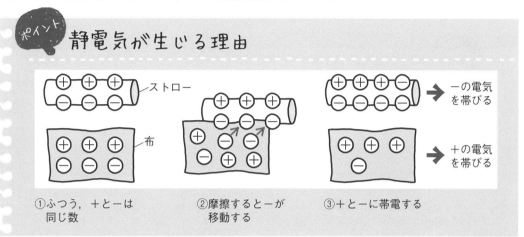

ポイント　**静電気が生じる理由**

①ふつう，＋と－は同じ数　　②摩擦すると－が移動する　　③＋と－に帯電する

4 真空放電と陰極線

授業動画はこちらから　📺 81

真空放電

　物体にたまった**電気が流れ出したり，電気が空間を移動したりする現象**を放電（ほうでん）といいます。雷（かみなり）は発達した積乱雲（せきらんうん）に多量の静電気がたまり，その電気が空気中を一気に流れることによって起こります。つまり，**放電の一種**なのです。

　ところで，蛍光灯（けいこうとう）の内部は，豆電球とちがって電極の間には何もありません。では，蛍光灯はどのようなしくみで光っているのでしょうか。

　放電管に誘導コイル＊をつないで数万Ｖという高い電圧をかけ，放電管内の空気をぬいていくと，管内が光り始め，電流が流れるようになります。このように，**管内の気圧を低くした空間に電流が流れる現象**を**真空放電**（しんくうほうでん）といいます。蛍光灯は真空放電を利用しているのです。

放電管

真空ポンプ　電源へ　誘導コイル　電流計

真空放電の装置

　蛍光灯の内部には蛍光物質がぬってあり，放電が始まるとフィラメントから**－の電気をもつ粒子**（りゅうし）（**電子**（でんし）という）が飛び出し，管内の水銀原子（しょう）と衝（とつ）突して**紫外線**を出します。この**紫外線が管内の蛍光物質に当たって光が出る**のです。

蛍光物質　光（目に見える）　紫外線（目に見えない）

フィラメント　電子　水銀原子

蛍光灯のしくみ

＊大きな電圧も発生させることができる装置。

電流の正体と電気エネルギー　**113**

📖陰極線

　右の図のように，蛍光板（けいこうばん）が入った真空放電管の電極に高い電圧を加えると，蛍光板に線が現れます。これは，－極から飛び出した粒子の流れを表しています。－極（陰極）から出る線なので，これを**陰極線**（いんきょくせん）**（電子線**（でんしせん）**）**といいます。では，陰極線がどんな性質をもっているかを見てみましょう。

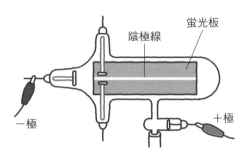

 陰極線の性質

①放電管内の蛍光板に明るい線が**直線状**にできる。
　→陰極線は**直進**する。（右上の図）
②十字形の金属板が入った放電管に大きな電圧を加えると，＋極の金属板の後ろに**十字形の影**（かげ）ができる→陰極線は**－極**から出ている。（下の図A）
③電圧を加えた電極板の間を通ると，**＋極側に曲がる。**
　→陰極線は**－の電気**をもっている。（下の図B）
④U字形磁石を近づけると**曲がる。**（下の図C）

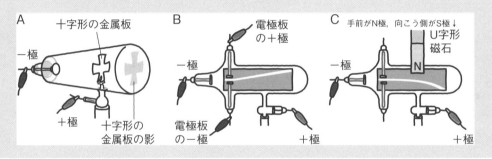

　陰極線は，空間を流れる電流で，**－の電気**をもった小さな粒子である**電子**の流れです。

---

5 電流の正体

授業動画はこちらから

　電子の存在が知られていなかったころ，**電流は＋極から－極へ流れる**と決めました。ところが，－の電気をもった**電子が－極から＋極へ移動する**ことが判明したのです。この**電子の流れが電流の正体**なのです。つまり，電流が流れているときは，電子が移動しているのです。

 **電子と電流**

・電子の移動する向き…　**－極→＋極**

・電流の流れる向き…　**＋極→－極**

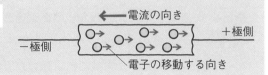

♣放射線とその利用

1895年，ドイツのヴィルヘルム・レントゲンは陰極線の実験を通じて放電管から未知なる「何か」が出ていることに偶然気づき，それを**X（エックス）線**と名付けました。これは発見者にちなんでレントゲン線とも呼ばれています。（ちなみにレントゲンは第1回ノーベル物理学賞の受賞者です。）

その後，X線同様に目に見えない「何か」が他にも見つかり，α（アルファ）線，β（ベータ）線，γ（ガンマ）線などと名付けられました。いま現在では，これらは高エネルギーの粒子や電磁波（光）であることがわかっており，総称して**放射線**と呼んでいます。また，放射線を出す物質を**放射性物質**といいます。

放射線

- **放射線**…高エネルギーの粒子や電磁波（光）。α線，β線，γ線，X線などがある。
- **放射性物質**…放射線を出す物質のこと。
- **放射能**…放射線を出す能力・性質のこと。

放射線には物を通り抜ける性質（透過性）や，物質そのものを変質させる能力があるため，医療現場で体内の状態を調べたり，治療に用いられたり，またジャガイモなどの品質改良にも役立っています。その一方で，放射線は高エネルギーをもつので継続的に照射され続けると細胞が死滅したり，人体にも影響が出る可能性があるため，放射線の扱いは非常に細心の注意が必要になります。

［放射線の透過性］

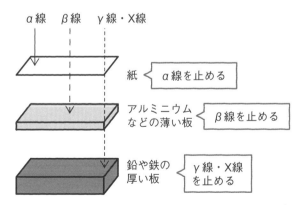

Lesson 16 の力だめし

授業動画は
こちらから ···> [83]

➡ 解説は別冊 p.18へ

1 右の図のように，20Ωと30Ωの抵抗を並列にして12Vの電源につないだ。これについて，次の問いに答えなさい。

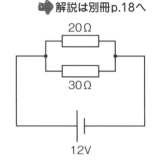

(1) 20Ωと30Ωの抵抗に流れる電流の大きさは何Aか。

20Ω [　　　　　　] 　30Ω [　　　　　　]

(2) 20Ωの抵抗の消費電力は何Wか。

[　　　　　　]

(3) 20Ωの抵抗が10分間で消費する電力量は何Jか。

[　　　　　　]

(4) 30Ωの抵抗で10分間に発生する熱量は何Jか。

[　　　　　　]

2 静電気や電流について，次の問いに答えなさい。

(1) 静電気が生じるのは，こすり合わせた一方の物体から他方の物体に「あるもの」が移動するためである。この「あるもの」とは何か。

[　　　　　　]

(2) 次の文の{　}のうち，正しい方を選び，それぞれ記号で答えなさい。

① プラスチックの下じきを{ア．同じプラスチックで　イ．布で}こすると，下じきが静電気を帯びる。

② 電流の向きと電子の移動の向きは，{ア．同じ　イ．逆}向きである。

③ 静電気には＋と－の2種類があり，{ア．同じ　イ．異なる}種類の電気どうしは引き合う。

①…[　　　] 　②…[　　　] 　③…[　　　]

3 右の図は，真空放電管を表している。これについて，次の問いに答えよ。

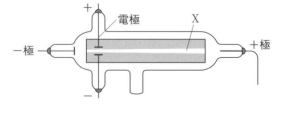

(1) 放電管の＋極と－極の間に高い電圧をかけると，図のXのように光る線が見えた。この線を何というか。　[　　　　　　]

(2) 放電管に通した電極に，図のように上側を＋極として電圧をかけた。Xの線は上，下どちらに曲がるか。　[　　　　　　]

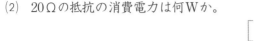
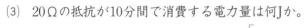

覚えておこう！ 化学反応式・電離式

中学理科で勉強する，おもな化学反応式・電離式をまとめて紹介します。学校のテストや，高校入試の対策にも役立ちます。

反応		化学反応式
炭酸水素ナトリウムの熱分解	▷	$2NaHCO_3 \rightarrow Na_2CO_3 + CO_2 + H_2O$ 炭酸水素ナトリウム　　炭酸ナトリウム　二酸化炭素　　水
酸化銀の熱分解	▷	$2Ag_2O \rightarrow 4Ag + O_2$ 酸化銀　　　　銀　　酸素
水の電気分解	▷	$2H_2O \rightarrow 2H_2 + O_2$ 水　　水素　酸素
塩酸の電気分解	▷	$2HCl \rightarrow H_2 + Cl_2$ 塩酸（塩化水素）　水素　塩素
塩化銅の電気分解	▷	$CuCl_2 \rightarrow Cu + Cl_2$ 塩化銅　　銅　　塩素
鉄と硫黄の化合	▷	$Fe + S \rightarrow FeS$ 鉄　硫黄　硫化鉄
銅と硫黄の化合	▷	$Cu + S \rightarrow CuS$ 銅　硫黄　硫化銅
炭素と酸素の化合 （炭素の燃焼）	▷	$C + O_2 \rightarrow CO_2$ 炭素　酸素　二酸化炭素
水素と酸素の化合 （水素の燃焼）	▷	$2H_2 + O_2 \rightarrow 2H_2O$ 水素　酸素　　水
銅と酸素の化合 （銅の酸化）	▷	$2Cu + O_2 \rightarrow 2CuO$ 銅　酸素　　酸化銅
マグネシウムと酸素の化合 （マグネシウムの燃焼）	▷	$2Mg + O_2 \rightarrow 2MgO$ マグネシウム　酸素　酸化マグネシウム
酸化銅の炭素による還元	▷	$2CuO + C \rightarrow 2Cu + CO_2$ 酸化銅　炭素　　銅　二酸化炭素
酸化銅の水素による還元	▷	$CuO + H_2 \rightarrow Cu + H_2O$ 酸化銅　水素　　銅　水

反応		電離式
塩酸（塩化水素）の電離	▷	$HCl \rightarrow H^+ + Cl^-$ 塩酸（塩化水素）　水素イオン　塩化物イオン
硫酸の電離	▷	$H_2SO_4 \rightarrow 2H^+ + SO_4{}^{2-}$ 硫酸　　水素イオン　硫酸イオン
水酸化ナトリウムの電離	▷	$NaOH \rightarrow Na^+ + OH^-$ 水酸化ナトリウム　ナトリウムイオン　水酸化物イオン
水酸化バリウムの電離	▷	$Ba(OH)_2 \rightarrow Ba^{2+} + 2OH^-$ 水酸化バリウム　バリウムイオン　水酸化物イオン
塩化ナトリウムの電離	▷	$NaCl \rightarrow Na^+ + Cl^-$ 塩化ナトリウム　ナトリウムイオン　塩化物イオン
塩酸と水酸化ナトリウム水溶液の中和	▷	$HCl + NaOH \rightarrow NaCl + H_2O$ 塩酸（塩化水素）　水酸化ナトリウム　塩化ナトリウム　水
硫酸と水酸化バリウム水溶液の中和	▷	$H_2SO_4 + Ba(OH)_2 \rightarrow BaSO_4 + 2H_2O$ 硫酸　　水酸化バリウム　　硫酸バリウム　　水

電流と磁界

このLessonのイントロ♪

夜になると街のいたるところに「明かり」がともります。それらの明かりの多くは電気を使っています。そしてその電気は発電所から送られているものがほとんどです。実は、電気の発電には磁界が関わっているのです。

❶ 磁力と磁界

授業動画は
こちらから 〔84〕

磁石にほかの磁石を近づけると，**引き合ったりしりぞけ合ったり**します。このような力を
磁力（じりょく）といいます。また，磁力がはたらく空間に方位磁針を置くと，場所によって方位磁針
のN極がふれる向きが変わります。ここでは，磁力のはたらく空間と磁力がはたらく向きを
みていきます。

 磁石のまわりの磁界

・**磁力**…磁石の極どうしや，磁石と鉄などの間にはたらく力。
　①N極とN極，S極とS極→**しりぞけ合う力**がはたらく。
　②N極とS極→**引き合う力**がはたらく。

・**磁界（じかい）**…磁力がはたらいている空間。
・**磁界の向き**…方位磁針の**N極がさす向き**。
・**磁力線（じりょくせん）**…磁界の向きにそってかいた線。
・**磁界の強さ**…磁界の各点における磁力
　の強さを，その点における磁界の強
　さという。
　①磁極（磁石の両端（りょうはし）に近い部分）か
　　らの距離（きょり）が小さいほど，磁界は強い。
　②磁力線の間隔（かんかく）が**せまいところ**ほど，磁界は**強い**。

> 各点での，磁針のN極の
> さす向きを順につなぐと → 磁力線が
> かける。

磁力線
磁力線
磁界の向き

磁界は目には見えません。そこで，方位磁針を使って磁針のN極がさす向きにそってな
めらかな線（**磁力線**）を引くと，磁界のようすをつかむことができます。**磁力線は磁界のよ
うすを視覚的に表したものです。**

磁力線は磁界の向きや，**磁界の強さ**を表します。磁力線の間隔が**せまい**ところは磁界が**強
く**，間隔が**広い**ところは磁界が**弱く**なっているのです。

Check 1

📚解説は別冊p.19へ

次の問いに答えなさい。
(1) 磁石の間にはたらく力を何というか。
(2) 磁石の力がはたらく空間を何というか。
(3) 右の図で，磁界が強いのはA点，B点のどちらか。

A
• ▢ N ┃ S ▢　（　　　）
　　　　　　　　　（　　　）
B
•　　　　　　　　（　　　）

❷ 電流がつくる磁界

　磁界をつくるのは磁石だけではありません。実は，**電流が流れると，そのまわりに磁界が発生**します。電流が流れる導線の形によって磁界のようすは変わります。

電流がつくる磁界

　まっすぐな導線に電流を流したとき，

・導線を中心に**同心円状**（同じ中心をもつ円状）に磁界ができる。

・**右ねじの法則**…電流の向きに合わせて右ねじを進めると，磁界の向きはねじを回す向きになる。

※右の図のように，**右手**を使って導くこともできる。**電流の向きに右手の親指を合わせて導線をにぎると，残りの4本の指の向きが磁界の向き**になる。

・磁界を強くするには，流れる**電流を強く**する。

導線

電流の向き

磁界の向き

もっとくわしく

上のポイントの図では，導線に下向きに電流が流れているので，親指は下向きにします。残りの4本の指の向きは右回りなので，磁界の向きも右回りになります。

コイルに流れる電流がつくる磁界

・コイルをくぐりぬける形の磁界ができる。

・右手の親指以外の4本の指で電流の向きにコイルをにぎったとき，**親指の向きがコイルの内側に生じる磁界の向き**になる。

磁界の向き
Ⓝ
Ⓢ
電流

・磁界を強くするには，「流れる**電流を強く**する」，「コイルの**巻き数を多く**する」，「コイルの中に**鉄しん（鉄の棒）**を入れる」の方法がある。

　コイルのときは親指以外の4本の指の向きが電流の向きで，親指の向きが磁界の向きになります。上の「電流がつくる磁界」のときと表すものが変わるので気をつけてください。

Check 2

解説は別冊p.19へ

次の（　　）に入る言葉を答えなさい。

(1) 直線状の導線に流れる電流は，導線を中心とした（　　　　　）状の磁界をつくる。

(2) コイルの中に（　　　　）を入れると，磁界が強くなる。

授業動画は
こちらから

3 電流が磁界から受ける力

　磁界の中で導線に電流を流したとき，導線は磁界から力を受けて動きます。**受ける力の向き**は，電流の向きと磁界の向きによって決まり，両方に垂直です。電流の向きか磁界の向きを逆にすると，**受ける力の向きが逆**になります。導線が動く向きは，左手を使う「**フレミングの左手の法則**」で求めることができます。

〈フレミングの左手の法則〉

　左手の中指，人差し指，親指の3本をたがいに垂直になるように開き，

　　中指を電流の向き，
　　人差し指を磁界の向き

に合わせると，

　親指の向きが，電流が磁界から受ける**力の向き**になる。

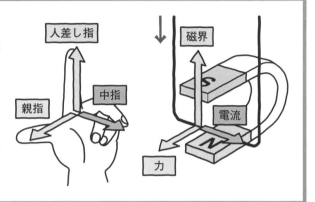

　上の図では，U字形磁石の中にコの字形の導線を入れて，電流を流しています。電流の向きは右向きなので**中指は右向き**，磁界の向きはN→Sなので，**人差し指は上向き**です。このとき，**親指が向いている向きに力**がはたらきます。

電流が磁界から受ける力を利用したものに**モーター**があります。

指の長さが長いほうから，
電　磁　力
と覚えよう。

ポイント　モーターのしくみ

・**モーター**…コイルを連続的に回転できるようにしたもの。
・**整流子**…コイルに流れる電流の向きを半回転ごとに逆に変えるもの。

①電流は→の向きに流れる。⇨Ⓐでは上向き，Ⓑでは下向きの力を受ける。	②電流は流れない。⇨力を受けない。	③電流は→の向きに流れる。⇨Ⓐでは下向き，Ⓑでは上向きの力を受ける。	④電流は流れない。⇨力を受けない。

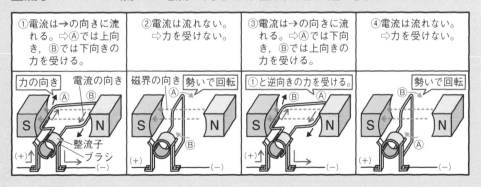

　上の①～④をくり返しているとき，コイルの左の部分はつねに上向き，右の部分はつねに下向きの力を受けています。②，④では，力を受けていませんが，それまでの勢いで回転することができます。

電磁誘導

授業動画は
こちらから

電流が流れれば, 磁界が発生するんでしたね。では逆に, 磁界が変化すれば電流が生まれると考えられます。その現象を**電磁誘導**といいます。

ポイント 電磁誘導のしくみ

- **電磁誘導**…コイルに磁石を近づけたり遠ざけたりすることで, コイル内の**磁界が変化**して, コイルに電流を流そうとする**電圧が生じる**現象。
- **誘導電流**…電磁誘導によって流れる電流。
- **誘導電流の大きさ**…棒磁石を速く動かしてコイル内の**磁界を速く変化させる**, コイルの**巻き数を多くする**, 棒磁石の**磁界を強くする**という方法がある。

コイル

検流計

発電機は電磁誘導を利用して, 電流を連続的に取り出す装置です。

電磁誘導の問題では, 電流の向きがよく問われるので, ここでまとめておきます。

ポイント 誘導電流の向き

①磁極が**N極**か**S極**かによって誘導電流の向きは**逆**になる。
②磁石を**近づける**か**遠ざける**かによって, 誘導電流の向きは**逆**になる。

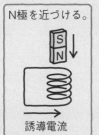

N極を近づける。

誘導電流

磁極を変える。

逆になる。

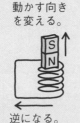

動かす向きを変える。

逆になる。

動かす向きと磁極を変える。

変わらない。

磁極と向きの両方を変えると, 誘導電流の向きは変わらないよ。

- **磁界が変化しないとき**(磁石やコイルが動かないとき)は, **電流は流れない**。

コイルに磁石を近づけたり遠ざけたりするとき, コイルには磁石の動きをさまたげようとする磁界が生じます。

右の図で, ①コイルに磁極が近づくときは, コイルの磁石の磁極に近い側が, 近づく磁極と**同極**になり, ②コイルから磁石が遠ざかるときは, コイルの磁石の磁極に近い側が, 遠ざかる磁極と**反対**になります。

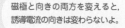

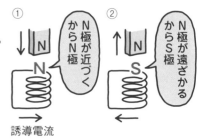

① N極が近づくからN極

② N極が遠ざかるからS極

誘導電流

Lesson 17 の 力だめし

➡ 解説は別冊p.19へ

1 右の図は，東西の方向に置いた棒磁石とそのまわりの磁界（磁力線）のようすを表している。

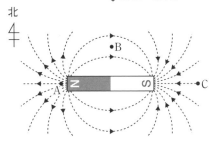

(1) A，B，Cの位置にそれぞれ方位磁針を置いたとき，磁針のようすはどのようになるか。次のア〜エから1つずつ選び，記号で答えよ。

A [   ] B [   ] C [   ]

(2) Aの位置とBの位置で，磁界が強いのはどちらか。記号で答えよ。　[   ]

(3) 右の図のようなコイルをつくり，図の向きに電流を流した。P，Qの位置に置いた方位磁針のようすはどのようになるか。(1)のア〜エから1つずつ選び，記号で答えよ。

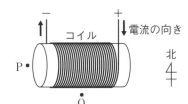

P [   ] Q [   ]

(4) (3)の図のコイルで，コイルの内部の真ん中に方位磁針を置いたとき，方位磁針のようすはどのようになるか。(1)のア〜エから1つ選び，記号で答えよ。　[   ]

2 次の図は，モーターのしくみを模式的に表したものである。

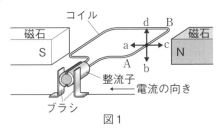
図1

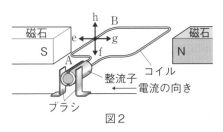
図2

(1) 図1で，コイルのABの部分が磁界から受ける力の向きはどれか。a〜dから選び，記号で答えよ。　[   ]

(2) 図1で，磁石のN極，S極を入れ変えたとき，コイルのABの部分が磁界から受ける力の向きはどれか。a〜dから選び，記号で答えよ。　[   ]

(3) 図1からコイルが180°回転して図2のようになった。このとき，コイルのABの部分が磁界から受ける力の向きはどれか。e〜hから選び，記号で答えよ。　[   ]

(4) 図2で，電流の向きを逆にすると，コイルのABの部分が磁界から受ける力の向きはどれか。e〜hから選び，記号で答えよ。　[   ]

Lesson 18 天気の変化

このLessonのイントロ♪

外出するときには，よく「天気予報」を確認しますよね。新聞やニュースで流れる「天気予報」の天気図を理解できていますか。このレッスンで，天気図が理解できるようになりますよ。

1 気象の観測

授業動画は
こちらから

私たちが生活するうえで欠かすことのできない情報の1つに「天気」がありますね。新聞の天気予報の欄に○，●，◎といった記号がありますが，これらは天気記号で，その記号に風の情報を示す矢羽根をくっつけて，天気，風向，風力を表します。

雨や雪などの降水がないときは，**雲量**（空全体を**10**としたときの雲がおおっている**割合**）によって天気を決めます。

ポイント おもな天気記号

快晴　晴れ　くもり　雨
雪　みぞれ　雷　霧　あられ

雲量	0, 1	2〜8	9, 10
天気	快晴	晴れ	くもり

ポイント 風向，風力の表し方

- **風向**…風がふいてくる方向で，**矢の向き**で16方位を使って表す。
- **風力**…風の力の大きさで，**矢羽根の数**で表し，0〜12の13階級ある。

〈16方位〉　〈天気図記号の読みとり〉

右の図では，
- 天気…**くもり**
- 風向…**北北東**
- 風力…**4**

風向　風力

天気

2 圧力と気圧

授業動画は
こちらから

圧力

ペンを指ではさんで同じ力で両方から押してみると，ペン先の方だけが「痛い！」と感じますね。これは，「**圧力**」が違うからです。圧力とは，1 m² あたりの面を押す力で，単位は**Pa**か**N/m²**（**ニュートン毎平方メートル**）を使います。

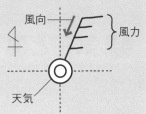

面積：大　痛くない！　圧力：小

痛い！　面積：小　圧力：大

ポイント 圧力の求め方

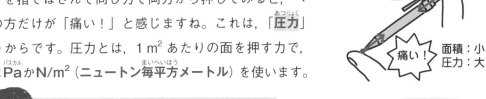

$$圧力[Pa] = \frac{面を垂直に押す力 [N]}{押されている面の面積 [m^2]}$$

→[N/m²]

例 20 m² の面を100 Nの力で押したときの圧力は，100（N）÷20（m²）＝5（Pa）

「ちから.あめ」
って覚えよう！

ちから
力
÷　÷
あつりょく　めんせき
圧力　面積
×

★求めたいものを指でかくすと，求める式がわかる。圧力をかくすと力÷面積で圧力が求められる。

同じ力がはたらくとき，力がはたらく面積が大きいほど圧力は小さくなる。つまり，圧力は面積に反比例する。

大気圧（気圧）

私たちのまわりには，常に「空気」が存在しています。実は，「空気」は目に見えないたくさんの小さい粒が入っています。（くわしい話はLesson10で。）それらの粒の1つ1つにも，「重力」がはたらいています。つまり**「空気」にも「重さ」がある**ということです。この「空気の重さ」による圧力を「**大気圧**」といいます。（単に**気圧**ともいう。）大気圧は，下向きだけでなく，**あらゆる方向から**はたらきます。

標高0mの地点での大気圧を，**1気圧**といいます。**1気圧は約1013hPa**です。「h」は，「100倍」という意味です。ですから，**1気圧＝約1013hPa＝約101300Pa**ですね。

また，標高が低いと，その分だけ上にのっかっている空気が多いので，標高の高い場所よりも「**大気圧**」**は大きく**なります。

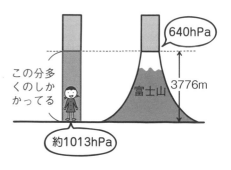

この分多くのしかかってる

約1013hPa

640hPa

富士山

3776m

③ 気圧と風

授業動画はこちらから …… 91

91

風は，2つの地点の間に気圧の差があるとふきます。天気図で気圧の等しい地点を結んだ曲線を**等圧線**といい，等圧線のようすから，天気の変化や風のようすをつかむことができます。

ポイント 等圧線

- **気圧**（**大気圧**）…大気による圧力で，単位には**ヘクトパスカル**（hPa）を用いる。
  1気圧＝1013hPa

- **等圧線**…気圧が等しい地点を結んだ曲線。
  1000hPaを基準として4hPaごとにひき，
  20hPaごとに太線にする。

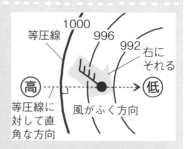

等圧線 1000 996 992 右にそれる

高 → ● → 低

等圧線に対して直角な方向　風がふく方向

- 風は**気圧の高いところから低いところへ**向かってふく。北半球では，等圧線に対して垂直の方向より**右**にそれる。

- **等圧線と風力の関係**…等圧線の間隔が**せまい**ほど，風力は**大きく**なる。

等圧線が輪のように閉じていると，中心は気圧の高いところか低いところになります。この中心を**高気圧**，または**低気圧**といい，風のふき方や気流に大きな特徴があります。

高気圧・低気圧と風のふき方（北半球の場合）

- 高気圧…中心にいくほど**気圧が高く**なっている部分。風は**時計回りにふき出し**，中心付近には**下降気流**が生じているので天気は**よい**。

- 低気圧…中心にいくほど気圧が**低く**なっている部分。風は**反時計回りにふきこみ**，中心付近に**上昇気流**が生じ，雲ができやすいので天気は**悪い**。

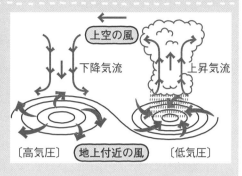

4 前線

授業動画はこちらから

　気温や湿度などが同じ大きな空気のかたまりを**気団**といいます。あたたかい空気のかたまりを**暖気（暖気団）**，冷たい空気のかたまりを**寒気（寒気団）**といい，性質のちがう気団がぶつかると**前線面**という境の面ができます。前線面が地表と交わるところが**前線**です。

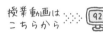 **温暖前線・寒冷前線と天気の変化**

- 温暖前線…暖気が寒気の上にはい上がり，寒気を後退させて進む前線。

- 温暖前線の記号…（おわん形）

- 温暖前線の通過と天気…**層状の雲**が発達し，**広い範囲に長時間おだやかな雨**が降る。前線の通過後は，暖気におおわれるので**気温が上がり**，風が東寄りから**南寄り**に変わる。

- 寒冷前線…寒気が暖気の下にもぐりこんで，暖気を押し上げながら進む前線。

- 寒冷前線の記号…（くさび形）

- 寒冷前線の通過と天気…**積乱雲**のような積雲状の雲が発達し，**せまい範囲に短時間に激しい雨**が降る。前線の通過後は，寒気におおわれるので**気温が下がり**，風が南寄りから**北寄り**に変わる。

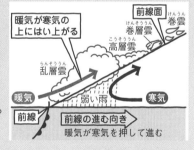

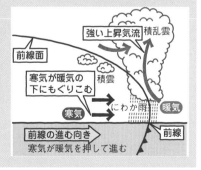

寒気は暖気より重いので，温暖前線でも寒冷前線でも，**暖気が上**で，**寒気が下**になっています。また，寒冷前線の速さは温暖前線より速いので，温暖前線に追いついて，**寒気が暖気を地表から持ち上げる**，**閉そく前線**（記号　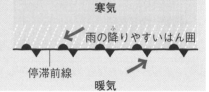　）ができます。

　寒気と暖気の勢力はどちらかが必ず優勢というわけではありません。**勢力が同じ場合もあるのです。** 暖気と寒気の勢力が同じになると，前線は動けなくなります。つまり，**停滞**します。このときできる前線が**停滞前線**なのです。

　つゆの時期の停滞前線を梅雨前線，秋雨を降らせる停滞前線を秋雨前線といいます。

 停滞前線と天気の変化

・**停滞前線**…東西にのび，暖気と寒気の勢力が同じなので，ほとんど**動かない**。
・**停滞前線の記号**…のように，温暖前線と寒冷前線の記号を合わせたもの。
・**停滞前線と天気**…層状の雲ができる。**ぐずついた天気**が続く。

寒気
雨の降りやすいはん囲
停滞前線
暖気

5 天気の変化

授業動画はこちらから　93

　日本の上空では，**西から東に向かって偏西風**がふいています。高気圧や前線をともなった低気圧は，偏西風の影響で**西から東に移動**するので，天気は**西から東へ移り変わります**。

 低気圧の移動と天気の変化（下の図のA地点）

 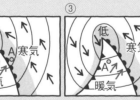 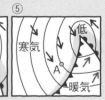

①温暖前線が近づくので，天気は**下り坂**になる。
②しとしとと**弱い雨が長時間**続く。
③雨がやみ，天気は回復し，気温が**上がる**。風は**南寄り**になる。
④寒冷前線の通過にともない，**強い雨が短時間**降る。
⑤雨がやみ，天気は回復し，気温が**急に下がる**。風は**北寄り**になる。

授業動画は
こちらから 94

🐟解説は別冊p.19へ

1 右の図は，天気図に示された記号を表している。これについて，次の問いに答えなさい。

(1) 記号が表している天気はどれか。次のア～エから1つ選び，記号で答えよ。 [　　]

ア．快晴　　　イ．晴れ　　　ウ．くもり　　　エ．雨

(2) 風はどの方角からどの方角にふいているか。次のア，イから選び，記号で答えよ。 [　　]

ア．北東から南西へ　　　　イ．南西から北東へ

(3) 風力はいくつか。数字で答えよ。 [風力　　]

2 右の天気図について，次の問いに答えなさい。

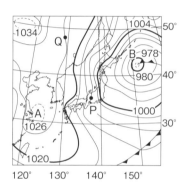

(1) A，Bには，「高」，「低」のどちらかの文字が入る。それぞれにあてはまる文字はどちらか。

A [　　]　　B [　　]

(2) P地点の風向はどれか。次のア～エから最も適するものを1つ選び，記号で答えよ。 [　　]

ア．西　　　イ．東　　　ウ．北西　　　エ．南東

(3) P地点とQ地点で，風力の値が大きいのはどちらか。記号で答えよ。

[　　]

3 右の図は，日本付近の低気圧と前線のようすを表している。これについて，次の問いに答えなさい。

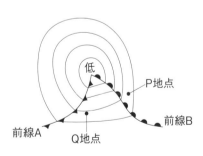

(1) 前線A，前線Bはそれぞれ何という前線か。名前を答えよ。

前線A [　　　　　]
前線B [　　　　　]

(2) P地点での天気のようすはどのようになっているか。次のア～ウから1つ選び，記号で答えよ。 [　　]

ア．よく晴れている。　　　　イ．弱い雨がしとしと降っている。

ウ．雷をともなう激しい雨が降っている。

(3) Q地点の気温は数時間後どのようになるか。次のア，イから選び，記号で答えよ。

ア．上がる。　　　イ．下がる。 [　　]

日本の天気

〔中学2年〕

このLessonのイントロ♪

日本には四季があり、季節ごとに天気の特徴がちがいます。あたたかい日と寒い日が交互にやってくる春。晴れが多い、暑い夏。晴れたり曇ったり、天気が変わりやすい秋。寒く、雪が降る冬。季節によって天気が変わるのはなぜなのか勉強していきます！

1 大気の動き

地球規模の大気の動き

地球の表面は**大気**の層がとりまいています。私たちはこの大気の動きを風として感じているのです。

地球規模でみると、**中緯度帯では西寄りの偏西風**、低緯度帯では東寄りの貿易風がふいています。

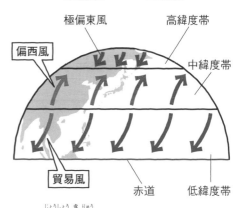

海陸風

大気は、あたためられるとまわりの空気より軽くなり、**上昇気流**が生じて、**気圧が低く**なります。逆に、冷やされるとまわりの空気より重くなり、**下降気流**が生じて、**気圧が高く**なります。そして、**気圧の高いところから気圧の低いところに向かう大気の流れが風**なのです。

ここで質問です。「真夏の海水浴場で、海岸の砂と海水では、どちらが熱いでしょうか？」 砂のほうですよね。この、砂と海水でのあたたまりやすさにちがいがあることが、風が起こる原因の1つなのです。陸地（砂）は、海（海水）に比べて、**あたたまりやすく、冷えやすい**という性質があります。この性質をもとに、海岸地方での1日の風のふき方を考えてみましょう。

ポイント 海風と陸風

・**海風**…**昼間、海から陸**に向かってふく風。
　〈海風がふく原因〉日中はあたたかい陸地によって空気があたためられて上昇気流が生じ、**気圧が低くなる。**一方、海は陸地よりもあたたまりにくいので下降気流が生じて**気圧が高くなる。**この結果、海から陸に向かって風がふく。

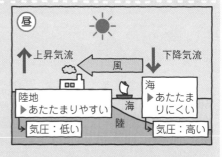

・**陸風**…**夜間、陸から海**に向かってふく風。
　〈陸風がふく原因〉夜間は冷えた陸地によって空気が冷やされて下降気流が生じ、**気圧が高くなる。**一方、海は陸地よりも冷えにくいので上昇気流が生じて**気圧が低くなる。**この結果、陸から海に向かって風がふく。

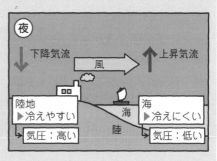

🐾季節風

　海風・陸風は1日の単位での大気の動きです。これをもとに，陸地と海のあたたまりやすさの違いを1年の単位で見てみると，季節風がふく原因が理解できます。

ポイント 季節風

・**夏の季節風**…あたたかい大陸によって空気があたためられて上昇気流が生じ，**気圧が低くなる**。一方，海は大陸よりもあたたまりにくいので下降気流が生じて**気圧が高くなる**。
　この結果，海から大陸に向かって**南東の季節風**がふく。

・**冬の季節風**…冷えた大陸によって空気が冷やされて下降気流が生じ，**気圧が高くなる**。一方，海は大陸よりも冷えにくいので上昇気流が生じて**気圧が低くなる**。
　この結果，大陸から海に向かって**北西の季節風**がふく。

2 日本付近の気団

授業動画はこちらから

　Lesson18で気団について学習しましたね。日本付近には，**シベリア気団**，**小笠原気団**，**オホーツク海気団**，**揚子江気団**（長江気団）という4つの気団があります。これらの気団は，季節によって発達する時期が異なっています。

ポイント 日本付近の気団

気団の発生場所と性質

{ 高緯度の気団…気温が**低い**。
{ 低緯度の気団…気温が**高い**。

{ 陸上の気団…**乾いている**。
{ 海上の気団…**しめっている**。

気団は，できる場所によって性質が決まるということだよ。

3 日本の天気

季節ごとの日本の天気を見ていきます。

冬の天気

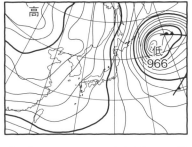

冬は**シベリア気団**の影響を大きく受けます。日本の西側のシベリア気団による高気圧の勢力が強まり，東側に低気圧が発達すると，西高東低の気圧配置となります。間隔がせまくなった等圧線が南北にのび，北西の季節風がふくようになります。

さらに，シベリアからの冷たく乾燥した空気が日本海をわたるとき，**大量の水蒸気**をふくみ，この空気が日本の山脈にぶつかって上昇すると雪雲をつくり，**日本海側に大量の雪**を降らせます。そして，日本海側に雪を降らせたため，山脈をこえた空気は乾燥し，**太平洋側は晴れ**の日が多くなります。

シベリア気団からの風　日本海側は雪　太平洋側は晴れ

日本海　日本列島　太平洋

夏の天気

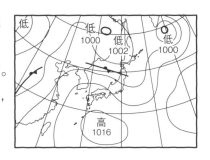

夏は**小笠原気団**の影響を受けます。日本の南側の小笠原気団による**高気圧**（太平洋高気圧）の勢力が強まり，大陸には低気圧があって，南高北低の気圧配置となります。

小笠原気団からはあたたかくしめった空気がふき出し，南東の季節風がふきます。このため，**蒸し暑い日**が続きます。

春・秋の天気

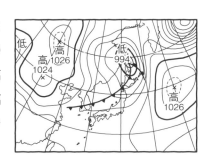

春と秋は**揚子江気団**（長江気団）の影響を受け，似たような天気になります。中国大陸で発達した揚子江気団の高気圧の一部が偏西風にのって東に移動します。この高気圧を特に，**移動性高気圧**といいます。そして，この高気圧の谷間に低気圧が発生するので，4〜7日の周期で天気が変わりやすくなります。

🌂つゆ（梅雨）の天気

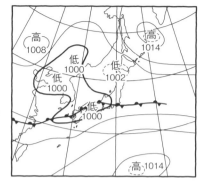

6月から7月の初めにかけては，**オホーツク海気団**と**小笠原気団**が発達し，この2つの気団の勢力がほぼつり合うので，その境界付近に**停滞前線**ができます。停滞前線は日本の南岸上の同じような位置に長い間とどまります。

停滞前線付近には雲が広い範囲にでき，長い期間にわたって雨を降らせます。これが**つゆ（梅雨）**で，このときの前線を特に**梅雨前線**といいます。

秋にも同じような気圧配置になって前線が停滞することがあります。このときの前線は**秋雨前線**といいます。

🌂台風

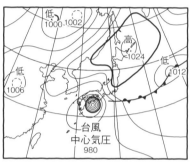

日本でくらしていると，台風という言葉を聞くことがありますね。台風は，赤道付近で発達した**熱帯低気圧**が発達し，**中心付近の最大風速が17.2m/s以上**になったものをいいます。等圧線が**密に同心円状**になり，**前線をともなわない**のが特徴です。

台風の進路は月によって変わります。

台風は太平洋高気圧（小笠原気団）のへりにそって日本列島を北上し，日本付近では偏西風に流されて東寄りに進路を変えます。だから，台風の月ごとの進路は，太平洋高気圧の勢力の大小が大きく影響しているのです。

台風では，進路の東側で被害が大きくなるので注意しよう。

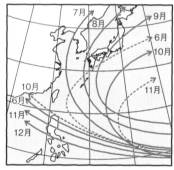

台風の月別のおもな経路
（実線はおもな経路，破線はそれに準じる経路）

Check 1

📙**解説は別冊p.20へ**

次の問いに答えなさい。

(1) 冬の季節風の方角は何か。 （　　　　　）

(2) 夏に発達する気団は何か。 （　　　　　）

(3) 6月に停滞する前線を特に何というか。 （　　　　　）

Lesson 19 の 力だめし

授業動画は
こちらから ▶▶▶ 99

➡ 解説は別冊p.20へ

1 大気の動きについて，次の問いに答えなさい。

(1) 日本付近などの中緯度の上空で，1年中西から東に向かってふいている強い風を何というか。 [   ]

(2) 海岸付近の地域では，晴れた日の昼間，どの向きに風がふくことが多いか。次のア，イから選び，記号で答えよ。 [   ]

　ア．海から陸へ 　　　イ．陸から海へ

(3) 海岸付近の地域で，晴れた日の夜にふく風を何というか。 [   ]

(4) 夏や冬などの季節によって，ほぼ同じ向きにふく風をまとめて何というか。

[   ]

2 右の図は，日本付近の気団A〜Dとその位置を表している。これについて，次の問いに答えなさい。

(1) A〜Dの気団の名前を答えよ。

A [   ] 　B [   ]
C [   ] 　D [   ]

(2) 次のア〜エは，A〜Dの気団についての説明である。A〜Dにあてはまるものはどれか。それぞれ選び，記号で答えよ。

　ア．あたたかく乾燥した空気のかたまりで，春や秋には移動性高気圧をうむ。

　イ．冷たく乾燥した空気のかたまりで，冬に勢力が強くなる。

　ウ．あたたかくしめった空気のかたまりで，夏に勢力が強くなる。

　エ．冷たくしめった空気のかたまりで，日本のつゆに関係する。

　　　　A [   ] 　B [   ] 　C [   ] 　D [   ]

3 次の問いに答えなさい。

(1) 次の文は，それぞれ日本のどの季節について述べたものか。春夏秋冬で答えよ。

　ア．移動性高気圧が通過し，晴れと雨やくもりの日が交互にくり返される。

[   ]

　イ．日本海側は雪の日が多く，太平洋側は晴れの乾燥した日が続く。

[   ]

　ウ．あたたかい高気圧におおわれ，晴れの蒸し暑い日が続く。 [   ]

(2) 日本の南の太平洋上で発生し，夏の終わりから秋のはじめにかけて日本にやってくる，発達した低気圧を何というか。 [   ]

Lesson 20 空気中の水蒸気

[中学2年]

このLessonのイントロ♪

よく「今日は空気が乾燥しているな」「じめじめした空気だね」などの表現を使いますよね。空気中には「水蒸気」がふくまれており、水蒸気をどれだけふくんでいるのかを表す数字を「湿度」といいます。ここでは、空気中の水蒸気について学んでいきます。

1 露点と飽和水蒸気量

授業動画はこちらから

金属製のコップにくみ置きの室温の水を入れて，その中に氷水を入れてかき混ぜていくと，コップの表面がくもってきます。これは，コップの表面近くの**空気が冷やされて，空気中の水蒸気が水滴に状態変化**したからです。このように，水蒸気が水滴になることを凝結といい，**水蒸気が凝結するとき（水滴ができ始めたとき）の温度**を露点といいます。

 凝結と露点

- **凝結**…水蒸気（気体）が水滴（液体）に変わること。
- **露点**…空気中の水蒸気が凝結し始めるときの温度。

空気中にふくむことのできる水蒸気の量には限度があり，その限度の量をこえると，空気中にふくむことができなくなります。つまり水蒸気（気体）という形では存在できなくなり，**水滴**へと変化していきます。

ある温度での**空気1 m³中にふくむことのできる水蒸気の最大量**を，その温度での**飽和水蒸気量**といいます。飽和水蒸気量は，**気温が高くなるほど大きく**なります。

 飽和水蒸気量

- **飽和水蒸気量**…空気1 m³中にふくむことのできる水蒸気の最大量。

▼気温と飽和水蒸気量の関係

気温〔℃〕	0	5	10	15	20	25	30
飽和水蒸気量〔g/m³〕	4.8	6.8	9.4	12.8	17.3	23.1	30.4

気温が高いほど ⇩ 飽和水蒸気量は大きくなる。

「飽和」っていうのは，これ以上入りきらないって意味だね。

飽和水蒸気量と水蒸気の凝結の関係はつかみづらいのですが，次のようにイメージするとわかりやすくなります。

空気を1つの部屋として考えていくよ！

> **飽和水蒸気量＝空気の部屋の定員**
> **水蒸気の量＝部屋の中にいる人の数**

では，水蒸気をふくんだ空気を冷やしていくとどうなるかを，このイメージを用いて考えてみましょう。

現在の気温が30℃，空気1 m³中に17 gの水蒸気がふくまれているとします。この空気の温度を，30℃から20℃，10℃へと下げていくとどのように水滴が現れてくるでしょうか。ただし，ここではわかりやすくするために，飽和水蒸気量は30℃で30 g/m³，20℃で17 g/m³，10℃で10 g/m³とします。右のグラフで，

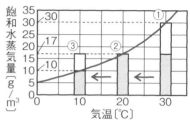

[①のとき] 部屋の**定員（飽和水蒸気量）は30人**で，部屋にいる人（水蒸気量）は**17人**。だからまだ空きスペースがあり，**水滴はできません。**

[②のとき] このときの部屋の**定員は17人**で，定員ぴったりです。これが**飽和している**という状態です。

[③のとき] このときの定員は**10人**。

ということは，定員をこえた分，つまり，**17－10＝7（人）**は部屋に入れません。この部屋に入れなかった**7人が水滴となって現れる量**にあたるのです。

[①のとき] 30人部屋　　[②のとき] 17人部屋　　[③のとき] 10人部屋

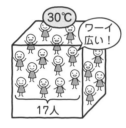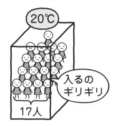

2 湿度

授業動画はこちらから ⇢ 101

湿度は**空気のしめりぐあい**を数値で表したもので，単位には**パーセント（%）**を使い，次の2つの求め方があります。

ポイント 乾湿計を用いる湿度の求め方

・**乾湿計**…乾球温度計と湿球温度計からできている。

　※湿球温度計の球部を布で包み，布の先を水につけてしめらせておく。

・**湿度の求め方**…乾球温度計の示度と，乾球温度計と湿球温度計の示度の**差**をもとに，湿度表で求める。

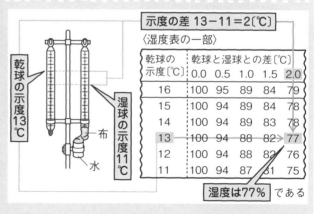

示度の差 13－11＝2〔℃〕

〈湿度表の一部〉

乾球の示度〔℃〕	乾球と湿球との差〔℃〕				
	0.0	0.5	1.0	1.5	2.0
16	100	95	89	84	79
15	100	94	89	84	78
14	100	94	89	83	78
13	100	94	88	82	77
12	100	94	88	82	76
11	100	94	87	81	75

湿度は77%である

計算（公式）を用いる湿度の求め方

$$湿度〔\%〕=\frac{1\,m^3の空気中にふくまれる水蒸気量〔g/m^3〕}{その気温での飽和水蒸気量〔g/m^3〕}×100$$

例 気温25℃で，1 m³に17.3 gの水蒸気をふくむ空気の湿度を求めよ。ただし，25℃での飽和水蒸気量は23.1 g/m³である。

$$湿度=\frac{17.3}{23.1}×100≒74.9〔\%〕 \cdots 答$$

　湿度は，1 m³の空気中に，飽和水蒸気量に対して**何%の水蒸気がふくまれているか**を表している値です。なお，湿度が**100%のとき**，空気中にふくまれる水蒸気量は飽和水蒸気量に等しく，湿度が**100%になったときの気温**が露点です。

③ 雲のでき方

授業動画は
こちらから

　空にはいろいろな形の雲が浮かんでいますが，雲の正体はいったい何なのでしょうか。実は，雲はものすごく小さな**水や氷の粒**が集まって空気中に浮かんでいるものなのです。
　では，雲はどのようにしてできるのかについてまとめてみます。

雲のでき方

①地上付近の水蒸気をふくんだ空気が上昇気流によって**上昇**する。

②上空ほど**気圧が低い**ので，空気は**膨張し，温度が下がる**。

③温度が下がるにつれて空気中の水蒸気は**飽和状態**に近づく。

④気温が**露点以下**になると，**水蒸気が凝結して水滴**となり，雲をつくる。

⑤さらに上昇して0℃以下になると，**氷の粒**ができる。

0℃以下になると氷の粒となる → 氷の粒
露点に達すると凝結が始まり，水滴ができ始める → 水滴
雲底
膨張し温度が下がる → 空気が上昇
水蒸気をふくむ空気のかたまり → 水蒸気
地表

　空気中の水蒸気が変化してできたものとして，**霧**もあります。霧は地表近くの空気が冷やされて凝結し，小さい水滴となって浮かんだものです。

空気中の水蒸気が露点以下に冷えてできたものには，露，霜もあるわ。

もっとくわしく
雲をつくっている水や氷の粒がほかの粒とくっつき，大きくなって落ちてきたもののうち，氷がとけて水滴となったものが雨，とけずに落ちてきたものが雪です。

雲のでき方は実験で確かめることができ，その手順は次のようになります。

① フラスコの内側を水でぬらす。（フラスコ内に水蒸気を多くふくませるため。）

※線香（せんこう）のけむりを入れると，小さな粒（つぶ）が核（かく）になり，水滴ができやすい。

② フラスコに栓（せん）をし，温度計を入れてピストンをつなぐ。

③ ピストンをすばやく引く。

④ ピストンをすばやく押（お）す。

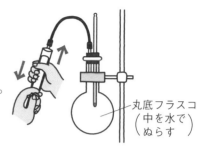

丸底フラスコ
（中を水で
ぬらす）

雲のでき方の実験結果

・**ピストンをすばやく引く**…フラスコ内の空気が**膨張**し，気圧が下がって**温度が下がり**，水蒸気が凝結して**雲ができる**。（内側が白くくもる。）
・**ピストンをすばやく押す**…フラスコ内の空気が**収縮**し，気圧が上がって**温度が上がり**，水滴が気体になって**雲が消える**。（内側が透明（とうめい）になる。）

Check 1

解説は別冊p.21へ

次の問いに答えなさい。
（1） 気体は気圧が低くなると，温度は上がるか下がるか。 （　　　　　）
（2） 雲は，上昇気流，下降気流のどちらでできるか。 （　　　　　）

4 水の循環

授業動画は
こちらから ……… 103

地球上で水は，気体（水蒸気），液体（水），固体（氷）の3つの状態で存在し，蒸発，凝結，降水をくり返しながら，たえず循環（じゅんかん）しています。

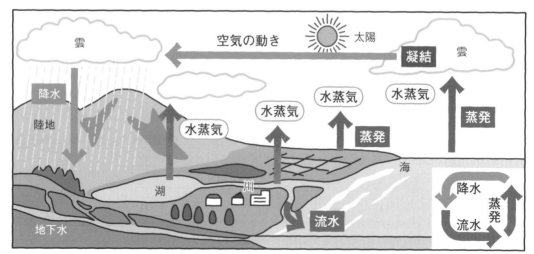

Lesson 20 の 力だめし

授業動画は
こちらから ･･･ 104

➡ 解説は別冊p.21へ

1 次の問いに答えなさい。

104

(1) 水蒸気が液体の水に変わる変化を何というか。

[　　　　　　　　　　]

(2) 空気中にふくまれる水蒸気が，液体の水に変わり始めるときの温度を何というか。

[　　　　　　　　　　]

(3) 空気中にふくむことのできる水蒸気の量は，温度によって決まっている。空気 1 m³中にふくむことのできる水蒸気の最大量を，その温度における何というか。

[　　　　　　　　　　]

2 右の表は，気温と飽和水蒸気量（ほう わ すいじょう きりょう）の関係を表している。これについて，次の問いに答えなさい。

気　温　〔℃〕	0	5	10	15	20	25	30
飽和水蒸気量〔g/m³〕	4.8	6.8	9.4	12.8	17.3	23.1	30.4

(1) ある日の気温が20℃で，空気中にふくまれる水蒸気量が1 m³あたり9.4 gであった。この空気の露点（ろ てん）は何℃か。 [　　　　　　]

(2) (1)のとき，空気中には1 m³あたりあと何gの水蒸気をふくむことができるか。

[　　　　　　]

(3) (1)の空気の湿度（しつ ど）は何％か。整数で答えよ。 [　　　　　　]

(4) (1)の空気の気温が露点に達したときの湿度は何％か。整数で答えよ。

[　　　　　　]

3 右の図は，雲のでき方を調べる実験の装置を示している。これについて，次の問いに答えなさい。

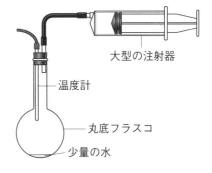

大型の注射器

温度計

丸底フラスコ

少量の水

(1) 丸底フラスコの中に少量の水を入れて，内側のかべをぬらしておいた。実験をうまく行うには，さらにどのような操作をしておくか。

[　　　　　　　　　　]

(2) 注射器のピストンをすばやく引くと，フラスコの内部はどのようになるか。

[　　　　　　　　　　]

(3) (2)のとき，フラスコ内部の温度はどのようになったか。次のア～ウから1つ選び，記号で答えよ。

[　　　　　]

ア．上がった。　　　イ．下がった。　　　ウ．変化しなかった。

 化学変化とイオン

[中学3年]

このLessonのイントロ♪

さあ, ついに3年生の内容に入りました。あと1学年分がんばりましょうね！
ここでは, 「イオン」 というものについて学びます。聞いたことありますか？電
化製品のCMでよく聞く 「マイナスイオンが〜」 などのあの 「イオン」 です。

1 電解質と非電解質

授業動画は
こちらから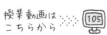

　混ざりもののない水（純水）は電流を流しません。ところが，水にぬれた手でコンセント
のプラグにふれると感電することがあります。水道水や雨水にはいろんなものがとけてい
るため，水の中を電流が流れるからです。

　このように，**水溶液には電流が流れるものと流れないものがある**のです。

電解質と非電解質

・**電解質**…水にとかしたとき，電流が流れる物質。
　　　例 食塩（塩化ナトリウム），塩化銅，塩化水素など。

・**非電解質**…水にとかしたとき，電流が流れない物質。
　　　例 砂糖，エタノールなど。

　電解質をとかした水溶液に電流を流すと，**電気分解**が起こり，陽極，陰極から物質が生
じます。（電気分解のようすは 2 で説明します）

2 イオンと電離

授業動画は
こちらから

　すべての物質は，**原子**というこれ以上分けられない小さな粒からできていることは
Lesson 10で学習しました。

　原子の中心には**＋の電気をもった陽子**という粒と，**電気をもたな
い中性子**という粒があり，この2つを合わせて**原子核**といいます。
そして，原子核のまわりを**－の電気をもった電子**がぐるぐる回っ
ています。

例 ヘリウム原子

同位体

　Lesson 10で原子の種類を元素記号で表すことを勉強しましたが，実はこの元素記号は
原子の中の陽子の数によって決められています。陽子の数が1個なら「水素H」，6個なら「炭
素C」と取り決めているのです。

　ところが陽子の数が同じ，つまり元素記号が同じであっても中性子の数が異なるものが
あります。これを**同位体**と言います。たとえば水素Hは，中性子が全くないもの，中性子を
1個や2個もっている水素原子もあるのです。中性子は化学反応に関与することはあまりな
いので，同位体の化学的性質はほぼ等しいです。

同位体

・**同位体**…陽子の数は同じだが，中性子の数が異なる原子。

　ふつう，陽子の数と電子の数は同じ，つまり，**＋と－の数は同じ**なので，原子は**電気的に中性**です。しかし，原子から電子がはずれたり電子がくっついたりして，電気を帯びることがあります。このようにして，原子が電気を帯びたものがイオンです。

ポイント　イオン

- **イオン**…原子が電気を帯びたもの。イオンはイオンを表す化学式で表す。
- **陽イオン**…原子が＋の電気を帯びたもの。
- **陰イオン**…原子が－の電気を帯びたもの。

陽イオン	イオン式	陰イオン	イオン式
水素イオン	H^+	塩化物イオン	Cl^-
ナトリウムイオン	Na^+	水酸化物イオン	OH^-
銅イオン	Cu^{2+}	炭酸イオン	CO_3^{2-}

　たとえば，水素原子から電子が1つはずれると，**電気的に＋**となり，陽イオンの水素イオンとなります。

　塩素原子に電子が1つくっつくと**電気的に－**となり，陰イオンの塩化物イオンになります。銅原子の場合は，電子が2つはずれ，陽イオンの銅イオンになります。電子が1つはずれると□$^+$という形になり，1つくっつくと□$^-$という形になります。銅イオンは電子が2つずれているので，Cu^{2+}という形になるのです。

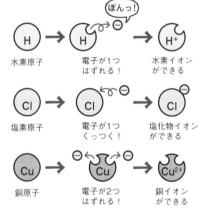

水素原子／電子が1つはずれる！／水素イオンができる
塩素原子／電子が1つくっつく！／塩化物イオンができる
銅原子／電子が2つはずれる！／銅イオンができる

　実は，電解質は水にとけると陽イオンと陰イオンに分かれます。これを**電離**といいます。

ポイント　電離

電離…電解質が水にとけて陽イオンと陰イオンに分かれること。

※電離のようすは化学式とイオンを表す化学式を使って表す。（電離式ともいう。）

〈イオンを表す化学式を使った電離を表す式〉

$$NaCl \longrightarrow Na^+ + Cl^-$$
$$HCl \longrightarrow H^+ + Cl^-$$
$$CuCl_2 \longrightarrow Cu^{2+} + 2Cl^-$$

銅イオンは＋の電気を2個余分にもっているんだよ。

🔬電気分解とイオン

電気分解は，イオンの知識をもとにすると，とても理解しやすくなります。

塩化銅水溶液の電気分解をイオンで説明します。

①水にとけて，塩化銅が**陽イオンである銅イオンと，陰イオンである塩化物イオンに分かれる**。

②**陰イオンである塩化物イオンは陽極に引きつけられ，電子を1個陰極にわたして塩素原子**になり，塩素原子が2個結びついて**塩素分子**となる。

③**陽イオンである銅イオンは陰極に引きつけられ，電極から電子を2個受けとり銅原子**になって電極に付着する。

塩酸の電気分解も同様に，陽極に塩化物イオンが引きつけられ，電子をわたして塩素原子になり，2個結びついて**塩素分子**になります。水素イオンは陰極に引きつけられ，電極から電子を受け取って水素原子になり，2個結びついて**水素分子**になります。

〈塩化銅水溶液の電気分解〉

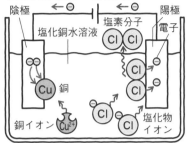

・陽極から塩素が発生する。
・陰極には銅が付着する。

〈塩酸の電気分解〉

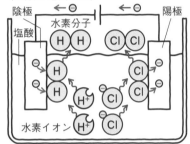

・陽極から塩素が発生する。
・陰極から水素が発生する。

4 電池

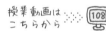
授業動画はこちらから ➤➤➤ 108

私たちの生活には電気が欠かせません。電気（電流）を得る装置の1つに**電池**があります。この電池のしくみもイオンの知識で理解しやすくなります。

電池

電池…物質がもっている化学エネルギーを，化学変化によって電気エネルギーに変える装置。**電解質の水溶液と種類の異なる2種類の金属で電気を得ることができる。**

同じ種類の金属では電気は得られないよ。

電池には**2種類の金属が必要**ですが，金属の種類によって「**イオンのなりやすさ**」にちがいがあります。おもな金属のイオンになりやすさを示すと，下のようになります。

イオンになりやすい							イオンになりにくい
	Na >	Mg >	Al >	Zn >	Fe >	Cu	
	ナトリウム	マグネシウム	アルミニウム	亜鉛	鉄	銅	

では，電池のしくみを見てみましょう。

右の図のように，うすい塩酸に亜鉛板と銅板を入れ，その間に電子オルゴールをはさんで導線でつなぎます。亜鉛原子1個が**電子を2個放出**して亜鉛イオン（Zn^{2+}）になって塩酸の中にとけ出します。放出された電子は，導線を通って銅板へ移動します。このとき，電子オルゴールが鳴ります。銅板に移動した電子は，塩酸にとけていた水素イオンと結びつきます。

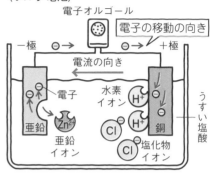

〈ボルタ電池〉

さて，この一連の流れの中で，**電子が移動**しました。**電子の移動**が**電流の正体**なので，電流が流れたことになります。これが電池のしくみです。

もっとくわしく 亜鉛のほうが銅よりもイオンになりやすいため，－極になります。

ボルタ電池は反応が進むにつれ銅板に水素の気泡がどんどん付着し，水素イオンが電子を受け取るのを邪魔してすぐに電池の電圧が低下するという欠点があります。

その改良版が「ダニエル電池」というものです。右図のようにセロハン膜で区切った容器に，硫酸亜鉛水溶液に亜鉛板を，硫酸銅水溶液に銅板をいれて，その間に電子オルゴールをはさんで導線でつなぎます。

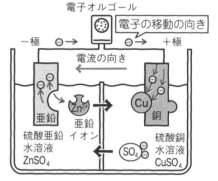

〈ダニエル電池〉

亜鉛原子が電子を放出し，亜鉛イオンとなると電子が亜鉛板側から電子オルゴールを通過し，銅板側にたどり着きます。銅板側では硫酸銅水溶液中で銅イオンが電子を受け取り，銅原子に戻って銅板に付着します。つまり，銅板側では特に銅イオンの邪魔をするものが生じるわけではないので，ボルタ電池の欠点を上手く克服できているのです。

もちろんこのとき，亜鉛板側から電子が出るので－極，銅板側が電子をもらうので＋極の電池となります。

最後に，いろいろな電池を紹介しておきます。
- **一次電池**…日常よく使われる電池。イオンになる物質がなくなると，電流が流れなくなる。
- **二次電池**…自動車のバッテリーなどに使われている電池。**充電できる**。
- **燃料電池**…**水の電気分解と逆の反応を利用**した電池。水素と酸素が化合して水ができるときに発生するエネルギーを電気エネルギーに変える。電流を取り出すときに水ができるだけで，**有害な物質を発生しない**。電気自動車，非常用電源などに期待されている。

Lesson 21 の力だめし

授業動画は
こちらから 109

解説は別冊p.21へ

1 電解質について，次の問いに答えなさい。

(1) 次のア〜ウのうち，電解質について，正しいのはどれか。1つ選び，記号で答えよ。 [　　　]

　ア．水にとかしたときに電流が流れない物質を，電解質という。

　イ．物質自身が電流を流しやすいものを，電解質という。

　ウ．水にとかしたときに電流が流れる物質を，電解質という。

(2) 次のうち，電解質はどれか。すべて選び，記号で答えよ。 [　　　]

　ア．砂糖　　　　イ．食塩　　　　ウ．塩化銅　　　　エ．エタノール

2 右の図のような装置で，塩酸の電気分解を行った。これについて，次の問いに答えなさい。

(1) 塩酸は塩化水素HClの水溶液である。塩化水素が水にとけて電離するようすを，イオン式を使って表せ。

[　　　　　　　　　　　　　　]

(2) 気体P，Qはそれぞれ何か。名前を答えよ。

P [　　　　　　　]　Q [　　　　　　　]

(3) 塩酸の電気分解で起こる反応を，化学反応式で書け。

[　　　　　　　　　　　　　　]

(4) 塩化銅水溶液を同じ装置で電気分解するとき，陽極，陰極で見られる変化はどれか。次のア〜エからそれぞれ1つずつ選び，記号で答えよ。

　ア．水素が発生する。　　　　　　イ．酸素が発生する。

　ウ．塩素が発生する。　　　　　　エ．金属の銅が電極につく。

陽極 [　　　]　陰極 [　　　]

（図）ゴムせん　気体P　気体Q　H形ガラス管　塩酸　電極　電極　ピンチコック　陰極　陽極

3 次の文の（　　）に適する語句や記号，イオン式を入れなさい。

(1) 原子は，原子核のまわりを①（　　　　）が回る構造をしている。この①（　　　　）の数と，原子核の中の②（　　　　）の数は等しい。

(2) 原子が電子を失うと③（　　　）イオン，電子を受け取ると④（　　　）イオンになる。塩化物イオンのイオン式は⑤（　　　）で表され，水素イオンのイオン式は⑥（　　　）で表される。

(3) 亜鉛板と銅板を電解質の水溶液につけて導線でつなぐと，亜鉛板が⑦（　　　）極となる⑧（　　　）ができる。このとき，電子が⑨（　　　）板から⑩（　　　）板へ移動する。

Lesson 22 酸とアルカリ，中和と塩

〔中学3年〕

このLessonのイントロ♪

小学校で酸性やアルカリ性などの性質をリトマス紙などを使って調べたりしたのを覚えていますか。酸性とアルカリ性の水溶液を混ぜると何が起こるのでしょうか。このLessonで勉強していきましょう。

① 酸性・中性・アルカリ性

私たちのまわりにはいろいろな水溶液があります。そして、それらの水溶液は必ず**酸性・中性・アルカリ性**のどれかの性質をもっています。では、その性質の調べ方と、おもな水溶液の例をまとめてみましょう。

 酸性・中性・アルカリ性

水溶液の性質		酸　性	中　性	アルカリ性
BTB溶液の変化		**黄色**	**緑色**	**青色**
フェノールフタレイン溶液の変化		無色	無色	**赤色**
リトマス紙の変化	青色	**赤色**	変化なし	変化なし
	赤色	変化なし	変化なし	**青色**
おもな水溶液		塩酸，硫酸，酢酸	食塩水，砂糖水	水酸化ナトリウム水溶液，水酸化バリウム水溶液

べとべと なのは
BTB
きみの せい。
黄　緑　青
と覚えよう。

フェノールフタレイン溶液はアルカリ性のときだけ変化するよ！

水溶液の性質を調べるときに用いるものを**指示薬**といい、中学理科では上の表の**BTB溶液、フェノールフタレイン溶液、リトマス紙**の3つがよく使われます。

水溶液の性質を表す方法に**pH（ピーエイチ）**というものがあります。pHは性質を示すだけでなく、その性質の**強弱**も表すことができます。pHは**pHメーター**や**万能pH試験紙**で調べます。

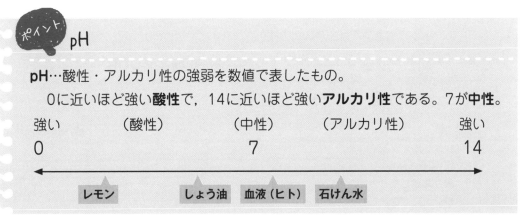 pH

pH…酸性・アルカリ性の強弱を数値で表したもの。
　　0に近いほど強い**酸性**で、14に近いほど強い**アルカリ性**である。7が**中性**。

強い	（酸性）	（中性）	（アルカリ性）	強い
0		7		14

レモン　　　しょう油　血液（ヒト）　石けん水

授業動画は
こちらから

② 酸とアルカリ

酸性やアルカリ性を示す水溶液には何がとけているのでしょう。水溶液だから何かがとけているはずですね。まず，酸性の塩酸と硫酸について考えます。

塩酸には**塩化水素HCl**，硫酸には**硫酸H₂SO₄**という電解質がとけています。電解質は水にとけると**電離**するので，塩化水素は**水素イオンH⁺**と**塩化物イオンCl⁻**に，硫酸は**水素イオンH⁺**と**硫酸イオンSO₄²⁻**に電離しています。2つとも**水素イオン**が生じていますね。

このように，水溶液にしたとき，水素イオンを生じる物質を酸といいます。

塩化水素
$HCl \longrightarrow H^+ + Cl^-$
硫酸
$H_2SO_4 \longrightarrow 2H^+ + SO_4^{2-}$

次に，アルカリ性の水酸化ナトリウム水溶液と水酸化バリウム水溶液について考えてみます。これらの物質には，それぞれ**水酸化ナトリウムNaOH**，**水酸化バリウムBa(OH)₂**という電解質がとけています。水酸化ナトリウムが電離すると**ナトリウムイオンNa⁺**と**水酸化物イオンOH⁻**に，水酸化バリウムが電離すると**バリウムイオンBa²⁺**と**水酸化物イオンOH⁻**に電離します。2つとも**水酸化物イオン**が生じています。

水酸化ナトリウム
$NaOH \longrightarrow Na^+ + OH^-$
水酸化バリウム
$Ba(OH)_2 \longrightarrow Ba^{2+} + 2OH^-$

このように，水溶液にしたとき，水酸化物イオンを生じる物質をアルカリといいます。

酸とアルカリ

・**酸**…電離すると**水素イオンH⁺**を生じる物質。
　　　水溶液は**酸性**を示す。

$$酸 \longrightarrow 水素イオンH^+ + 陰イオン$$

・**アルカリ**…電離すると**水酸化物イオンOH⁻**を生じる物質。
　　　　　水溶液は**アルカリ性**を示す。

$$アルカリ \longrightarrow 陽イオン + 水酸化物イオンOH^-$$

Check 1

解説は別冊p.22へ

次の問いに答えなさい。
(1) 酸が電離したときに共通に生じるイオンは何か。　　　　　　　（　　　　　）
(2) 塩化水素が電離したときのようすを化学式とイオン式で書け。（　　　　　）
(3) アルカリが電離したときに共通に生じるイオンを，イオン式で書け。（　　　　　）

3 中和と塩

授業動画は
こちらから

　酸性，アルカリ性について学んできましたが，酸性とアルカリ性の水溶液を混ぜると，どのようなことが起きるのでしょうか。

　酸性の水溶液である塩酸に金属のマグネシウムを加えると，**水素が発生**します。ここに，アルカリ性の水溶液である水酸化ナトリウム水溶液を加えていくと，しだいに**発生する水素の勢いが弱まって**きます。これはつまり，塩酸の**酸性の強さが弱まってきた**ことを意味します。このように，**酸性とアルカリ性の水溶液を混ぜると，たがいの性質を打ち消し合います**。これを**中和**といいます。

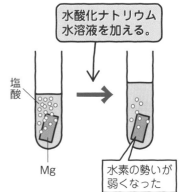

 中和

- **中和**…酸性とアルカリ性の水溶液を混ぜ合わせたとき，酸の水素イオンとアルカリの水酸化物イオンが結びついて水ができる変化で，酸とアルカリがたがいの性質を打ち消し合う反応のこと。

$$\text{水素イオンH}^+ \ + \ \text{水酸化物イオンOH}^- \longrightarrow \text{水H}_2\text{O}$$

- **塩**…中和のとき，酸の陰イオンとアルカリの陽イオンが結びついてできた物質。

　ではここで，塩酸に水酸化ナトリウム水溶液を加える実験を考えてみましょう。

① BTB溶液を加えた塩酸を用意する。**塩酸は酸性**なので**黄色**を示す。

② そこに**水酸化ナトリウム水溶液を少量加える**。BTB溶液はまだ**黄色**を示している。

③ **さらに水酸化ナトリウム水溶液を加えると**緑色になったので**中性**に変化したことがわかる。

④ **もっと水酸化ナトリウム水溶液を加えると**，青色になったので**アルカリ性**に変化したことがわかる。

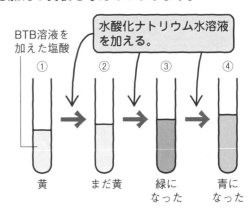

　さて，中和の反応が起こっているのは①～④のどこでしょう。③だけと答えがちですが，**②も中和の反応が起こっています**。中和は酸とアルカリの水溶液がたがいの性質を打ち消し合うので，たとえ1滴だけ水酸化ナトリウム水溶液を加えたとしても，**1滴分の中和は起きている**のです。②では少しは中和しましたが，まだ塩酸の性質が残っていたので，黄色のままだったのです。

では，塩酸と水酸化ナトリウム水溶液の中和を，**イオン**をもとに説明します。

① 今，塩化水素HClが4粒水にとけているものとします。そうすると，電離して**H⁺とCl⁻が4セット**できます。この水溶液には**H⁺**があるので**酸性**ですね。

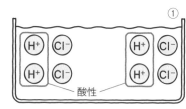

② ここに水酸化ナトリウムNaOHを2粒加えてみます。そうすると，NaOHは**Na⁺とOH⁻に電離**し，**H⁺とOH⁻が結びついてH₂O（水分子）が2個**できます。つまり中和したわけですが，水溶液全体としては**H⁺が残っているので酸性**です。

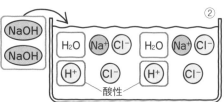

③ さらに，NaOHを2粒入れます。すると，ちょうどすべてのH⁺とOH⁻が結びつき，H₂Oが4個になります。ここには**H⁺もOH⁻もないので中性**になるのです。

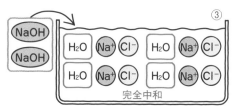

④ またさらに，NaOHを2粒入れます。すると，**もうOH⁻が結びつく相手がいないので，そのまま水溶液中に残る**ことになります。つまり，**OH⁻があるので，アルカリ性**になります。

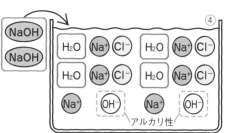

ところで，③の水溶液中には**ナトリウムイオンNa⁺と塩化物イオンCl⁻がふくまれています**。つまり，塩化ナトリウム（食塩）が電離した**塩化ナトリウム水溶液（食塩水）**です。

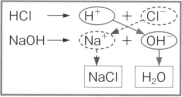

ここで，この水溶液を加熱して水を蒸発させます。すると，Na⁺とCl⁻が結びついて，**塩化ナトリウム（食塩）NaCl**が生じ，右の図のような**結晶**となって現れるのです。

このように，**酸の陰イオンとアルカリの陽イオンが結びついてできた物質**を**塩**といいます。

Check 2

解説は別冊p.22へ

次の問いに答えなさい。
(1) 酸とアルカリの性質をたがいに打ち消し合う反応を何というか。 （　　　　　）
(2) (1)のとき，酸の陰イオンとアルカリの陽イオンが結びついてできる物質を何というか。
（　　　　　）

Lesson 22 の力だめし

授業動画は
こちらから ···· 114

➡️ 解説は別冊p.22へ

1 酸性とアルカリ性について，次の問いに答えなさい。

(1) 酸性の水溶液に共通にふくまれるイオンを，イオン式で答えよ。 [　　]

(2) アルカリ性の水溶液に共通にふくまれるイオンを，イオン式で答えよ。 [　　]

(3) BTB溶液が酸性，アルカリ性，中性の水溶液でそれぞれ示す色を答えよ。

酸性 [　 色] 　 アルカリ性 [　 色] 　 中性 [　 色]

(4) フェノールフタレイン溶液が酸性，アルカリ性，中性の水溶液でそれぞれ示す色を答えよ。色を示さない場合は無(色)と答えること。

酸性 [　 色] 　 アルカリ性 [　 色] 　 中性 [　 色]

(5) リトマス紙が酸性，アルカリ性，中性の水溶液で示す色の変化はどれか。次のア〜エからそれぞれ1つずつ選び，記号で答えよ。

ア．青色リトマス紙が赤色に変わり，赤色リトマス紙が青色に変わる。

イ．青色リトマス紙が赤色に変わり，赤色リトマス紙は変化しない。

ウ．赤色リトマス紙が青色に変わり，青色リトマス紙は変化しない。

エ．赤色リトマス紙，青色リトマス紙とも変化しない。

酸性 [　　] 　 アルカリ性 [　　] 　 中性 [　　]

2 ビーカーに塩酸を$10\,cm^3$取り，水酸化ナトリウム水溶液を少しずつ加えて中和の実験を行った。下の表は，実験結果の一部を表している。これについて，次の問いに答えなさい。

水酸化ナトリウム水溶液
こまごめ
ピペット
ガラス棒
塩酸

（単位はcm^3）	①	②	③	④
塩　酸	10	10	10	10
水酸化ナトリウム水溶液	5	10	15	20

(1) 塩酸と水酸化ナトリウム水溶液の中和における，化学反応式を書きなさい。

[　　　　　　　　　　　　　　]

(2) ③のときに混合溶液は中性になった。②と④は何性か。

② [　　] 　 ④ [　　]

(3) この中和反応でできた「塩」の名前を答えよ。 [　　]

応用 (4) 電離して生じたイオンのうち，②の混合溶液中に最も多くふくまれるイオンをイオン式で答えよ。

[　　　　　　]

Lesson 23 生命の連続性

[中学3年]

このLessonのイントロ♪

「生物」が生きる最も大切な目的は「子孫を残すこと」です。生物はどのようにして子孫を残していくのでしょうか。細胞という観点からその謎に迫っていきます。

授業動画は
こちらから >>> 115

1 生物の成長と細胞

115

　私たちのまわりにはさまざまな生物が存在しています。多くの生物は，生まれたときのからだは小さく，しだいに大きくなっていきます。生物が大きくなっていくことを**成長**といいます。ここでは，成長がどのように起こるのかをまとめます。

成長と細胞

・**細胞分裂**…1個の細胞が2つに分かれ，2個の細胞になること。
　からだをつくる細胞が分裂する細胞分裂を，特に**体細胞分裂**という。
・**成長のしくみ**…細胞分裂によって**細胞の数がふえ**，その**ふえた細胞が大きくなる**ことによって，生物は成長する。

もっとくわしく
植物の根の先端など，細胞分裂がさかんな部分を成長点という。

　細胞分裂をするときには，核の中に**ひも状の染色体**が見られるようになります。染色体には生物の形質を決める**遺伝子**がふくまれています。
　細胞分裂は，下の図の①〜⑥のような順序で行われます。

---

① 分裂前の1個の細胞。
② **染色体が現れて複製**され，同じ染色体が**2本ずつつくられる。**
③ 染色体が**中央に並ぶ**。
④ 染色体が縦にさけるように割れ，**両端に移動**する。
⑤ 2個の**核**ができ，細胞に**しきり**ができる。
⑥ 2個の細胞になる。

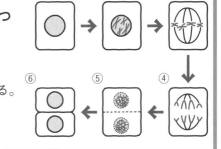

---

　⑥の2個の細胞はもとの①の細胞より小さいですね。この2個の小さい細胞がもとの細胞の大きさになることで，生物のからだは大きくなるのです。

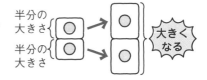

半分の
大きさ
半分の
大きさ
大きくなる

Check 1

📙解説は別冊p.23へ

次の問いに答えなさい。
(1) 細胞が2つに分かれることを何というか。 （　　　　　）
(2) (1)のときに細胞に現れるひも状のものを何というか。 （　　　　　）

2 生物のふえ方

116

🔬生殖

生物が生きる大きな目的の1つは，**子孫を残す**ことです。

子孫を残すために，自分と同じ種類の個体をつくり，なかまをふやすはたらきが**生殖**です。生殖のしかたには，**無性生殖**と**有性生殖**があります。

 生殖

- **生殖**…生物が同じ種類の子孫をつくるはたらき。
  - ●**無性生殖**：雌と雄が**関係せず**，受精を行わずに子をつくるふえ方。
    親とまったく同じ特徴をもつ子ができる。　**例** 分裂，出芽，栄養生殖など。
  - ●**有性生殖**：**雌と雄の生殖細胞が受精**することで子をつくるふえ方。
    子は両親のそれぞれの特徴を受けつぐので，親とはちがう性質をもつ
    子が生まれる。
- **生殖細胞**…生殖のための特別な細胞。
    植物は**卵細胞**と**精細胞**，動物は**卵**と**精子**。

無性生殖のしくみと例は次のようになります。

①**分裂**…単細胞生物は，からだが分裂してふえる。**例** アメーバ，ゾウリムシ，ミカヅキモ

②**出芽**…からだの一部にふくらみができ，その部分が成長してふえる。

　例 ヒドラ，コウボキン

③**栄養生殖**…からだの一部から新しい芽や根を出し，新しい個体になる。

　例 さし木，茎をのばしてふえる（オランダイチゴ），地下の根から芽を出す（サツマイモ），

　　たねいもから芽を出す（ジャガイモ），葉から芽を出す（セイロンベンケイ）

次に，植物の有性生殖のしくみを被子植物を例に見ていきます。被子植物ではおしべのやくでつくられた花粉が，めしべの柱頭につき（受粉し），種子ができます。ここでは，受粉したあと何が起きるのかを見ていきます。

①めしべの柱頭に花粉がつく。

②**花粉管**がのびる。

③花粉管の中を**精細胞**が移動する。

④**精細胞**が胚珠の中の**卵細胞と合体し（受精し）**，

　受精卵という1つの細胞になる。

⑤受精卵は細胞分裂をくり返し，**胚**になる。

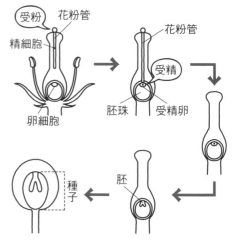

〈被子植物の受粉から種子ができるまで〉

⑥胚珠全体が成長して，**種子**へと育つ。

　では次に，動物の有性生殖について見てみましょう。

　雌の卵巣でつくられた**卵**と，雄の精巣でつくられた**精子**が受精し，**受精卵**がつくられます。受精卵は細胞分裂をして胚になります。胚はさらに細胞分裂をくり返し，形やはたらきのちがうさまざまな細胞になり，やがて成長して親と同じ形（成体）になります。

〈カエルの受精卵の変化（発生）〉

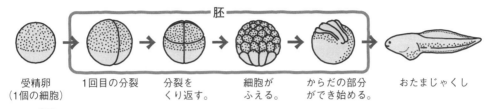

| 受精卵（1個の細胞） | 1回目の分裂 | 分裂をくり返す。 | 細胞がふえる。 | からだの部分ができ始める。 | おたまじゃくし |

 受精〜胚

- **受精卵**…受精した卵。細胞分裂をくり返し，新しい個体になっていく。
- **発生**…受精卵が細胞分裂をくり返し，親と同じからだになるまでの過程。
- **胚**…受精卵が細胞分裂をくり返してできた子にあたる部分。
　　動物の場合，自分で食物をとり始める前までの子のこと。

減数分裂

　このように，植物でも動物でも，2つの生殖細胞が合体し，受精卵になるのです。

　では，このとき染色体の数はどうなっているのでしょうか。

　生物の種類によって染色体の数は決まっています。たとえば，ヒトは46本，イヌは78本です。

　ヒトの精子と卵がそれぞれ染色体を46本ずつもっていたら，受精したときに染色体の数は92本になってしまいます。

　実は，ヒトの精子と卵は染色体を23本しかもちません。23本ずつの精子と卵が受精して46本の染色体をもつ受精卵になります。

　これは，生殖細胞をつくるときに行われる細胞分裂が，染色体の数が半分になる分裂であるからなのです。このような，**染色体の数が半分になる細胞分裂**を**減数分裂**といいます。

減数分裂から受精卵ができるまで

減数分裂　　　減数分裂

（生殖細胞）　　（生殖細胞）
どちらかの1つ　どちらかの1つ

→受精←

受精卵

③ 遺伝

生物は生殖によって子をつくりますが，そのときに親の特徴を子に伝えることを**遺伝**といいます。

 遺伝

- **遺伝**…親の形質が子に伝わること。
- **形質**…親がもつさまざまな形や性質のこと。
- **遺伝子**…染色体の中にあり，形質を現すもとになるもの。
- **DNA（デオキシリボ核酸）**…遺伝子の本体。

メンデルは，エンドウを使って遺伝の実験を行いました。

まず，純系（代を重ねても形質がすべて親と同じであるもの）の種子の形が「丸い」エンドウと「しわ」のエンドウを用いて，それらをかけ合わせると，子の代ではすべて「丸い」エンドウができました。

次に，子どうしをかけ合わせると，孫の代では，「丸い」エンドウと「しわ」のエンドウが3：1の割合で現れたのです。

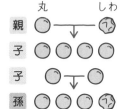

 遺伝のしくみ

- **対立形質**…1つの個体に同時に現れない，相対する形質。
- **顕性形質**…対立形質をもつ純系のかけ合わせで，**子に現れる形質**。
- **潜性形質**…対立形質をもつ純系のかけ合わせで，**子に現れない形質**。

では，顕性の形質の「丸」の遺伝子をA，潜性の形質の「しわ」の遺伝子をaとして，遺伝の規則性を見ていきます。

生殖細胞ができるときに，**減数分裂で遺伝子が半分に分かれて生殖細胞に入ること**を**分離の法則**といいます。顕性の形質をもつ純系の親と潜性の形質をもつ純系の親をかけ合わせたとき，子の代ではすべて**顕性の形質だけが現れます**。たとえば，親がAAとaaの遺伝子の組み合わせをもつ場合，子の遺伝子の組み合わせはすべてAaとなります。顕性のAが入っているので，すべて「丸」になります。

子どうし（Aa）をかけ合わせると，孫の代での遺伝子の組み合わせは，AA，Aa，Aa，aaとなります。ここでも，顕性のAが入っているとすべて「丸」になるので，

丸：しわ＝3：1となります。このように，**両親の遺伝子がAaのとき，子に現れる形質は，顕性：潜性＝3：1**となるのです。

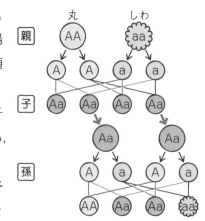

授業動画は
こちらから ···· 118

4 進化

　生物の形質は遺伝子によって決められますが，地球が誕生してから約46億年という長い年月の間に，遺伝子がまれに変化するということが生じました。すると形質は世代を重ねるごとに徐々に変化していきます。これを**進化**といいます。地球環境の変化に伴い，それに適応するように生物も進化したと考えられています。

 進化

・**進化**…長い年月の間に，生物がしだいに変化すること。
・**セキツイ動物の進化の流れ**…**魚類，両生類，ハチュウ類，鳥類，ホニュウ類**というように，**水中生活**をする動物から，**陸上生活**をする動物へ進化したと考えられている。

　このような進化の流れは，化石を調べることでわかったのです。

　たとえば，化石で発見された，右の図の**始祖鳥**（しそちょう）は**羽毛，つばさ**をもち，**鳥類と似た姿**をしていたのですが，口には**歯**，つばさの先には**つめ**があり，**ハチュウ類から進化**したと考えられています。

〈相同器官（セキツイ動物の前あし）〉

カエル　スズメ　クジラ　ヒト

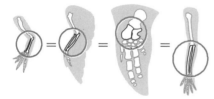

　形やはたらきはちがっていても，基本的には同じつくりを**相同器官**（そうどうきかん）といい，左の図のように，前あしの例が有名です。

　相同器官から，ある共通の祖先（そせん）がもっていた器官が，環境（かんきょう）（水中，陸上，空中）などによって進化していったことがわかります。

➡️解説は別冊p.23へ

1 生物の細胞と成長について，次の問いに答えなさい。

(1) 1個の細胞が続けて3回細胞分裂を行うと，細胞の数は何個になるか。

[　　　　]

(2) 生物が成長するしくみについて述べた次の文の（ ① ）～（ ③ ）に，適切な語句を入れよ。

① [　　　　] ② [　　　　] ③ [　　　　]

細胞が（ ① ）してその数が（ ② ），さらに（ ③ ）がもとの細胞と同じになることで成長する。

(3) 次のA～Eは，細胞が分裂していく過程を示している。細胞分裂の正しい順に左から記号を並べよ。 [　 → 　 → 　 → 　 → 　]

A 　　　 B 　　　 C 　　　 D 　　　 E

2 生物のふえ方について，次の問いに答えなさい。

(1) 雄，雌によらない生物のふえ方を何というか。 [　　　　]

(2) (1)のふえ方にあてはまるものを，次のア～エからすべて選び，記号で答えよ。

ア．ゾウリムシは，からだが分裂することでふえる。

イ．メダカは卵をうみ，卵がふ化して子が生まれる。

ウ．ジャガイモのいもを植えておくと，芽や根が出て新しい個体に育つ。

エ．アブラナは，実の中にできた種子でふえる。 [　　　　]

(3) (1)のふえ方に関する次の文の{ }から，適切なほうを選び，記号で答えよ。

子は親と{ア．異なった　イ．同一の}性質や特徴をもつ。 [　　　　]

3 エンドウの種子には，丸いものとしわのあるものの2種類がある。これについて，次の問いに答えなさい。ただし，「丸」の遺伝子をA，「しわ」の遺伝子をaとする。

(1) 代々丸い種子をつくるエンドウの花粉を，代々しわのある種子をつくるエンドウのめしべに受粉させると，丸い種子だけができた。顕性の形質は「丸」，「しわ」のどちらか。 [　　　　]

(2) (1)の下線部の種子のもつ遺伝子の組み合わせを記号で表せ。

[　　　　]

科学者① ガリレオ・ガリレイ

「それでも地球は回っている」という言葉で有名なガリレオ・ガリレイ。理科にあまり興味がない人でもガリレオの名前は知っているのではないでしょうか。

ガリレオは,「ピサの斜塔」で有名なイタリアのピサで1564年に誕生しました。音楽家だった彼の父は息子には医者になってほしかったようで, ガリレオをピサ大学の医学部に通わせます。ところが, 運命はガリレオを科学の道へと誘います。結局ガリレオは大学を退学し, 自分が本当に興味を持っている科学や数学を学ぶようになります。

さて, 彼の天才ぶりがよくあらわれているエピソードを1つ紹介しましょう。それは「振り子の等時性の発見」です。

ある日, ピサの大聖堂でお祈りを捧げていたとき, ガリレオは天井にあるシャンデリアがゆらゆらと動いていることに気づき, しかも, それが一定の周期で右へ左へ動いているようだ, とひらめきました。ガリレオはそれを, 自分の脈拍を計って測定したといいます。

当時は,「時計」というものは個人が所有しているものではなく, 教会がお祈りの時間であることを知らせる鐘の音が, 人々が時間を知る手段でした。ガリレオがこの「振り子の等時性」を発見したのち, ヨーロッパの多くの時計職人は「振り子時計」の制作に取り掛かったといいます。

ガリレオは, 気になったことはとにかく調べてみる人だったようです。ピサの斜塔から質量の大きい物体と小さい物体を落として, 同じ速さで落ちることを調べたり, 太陽の動きを調べるために望遠鏡で直接太陽を観測したりしたといわれています。いまでは, 科学の世界では当たり前になっている「実験・観測」という概念をはじめて取り入れたのはガリレオだといわれます。

当時, 常識だと思われていた「天動説（地球の周りを太陽などが動いているという考え）」を, ガリレオは真っ向から否定し, 太陽ではなく, 地球が回っているという「地動説」を主張しました。この説は, キリストの教えに背くと言われ宗教裁判にかけられることになります。裁判で, ガリレオは有罪判決を受けました。しかし, 退廷するときにガリレオは「それでも地球は回っている」と言ったとされています。

ローマ教皇はのちに,「ガリレオを有罪にしたこの裁判は誤りであった」と地動説を認めることになりますが, それはガリレオが亡くなってから350年ほどたった1992年のことでした。

Lesson 24 力と運動

このLessonのイントロ♪

動いていたり，止まっていたり，物体はいろいろな運動をします。物体の運動について，その物体にはたらく力に着目して勉強していきましょう。

① 力の合成と分解

 力の合成

　重い荷物は，1人より2人で持ったほうが楽ですよね。それは，1人の力にもう1人の力が加わったからです。このとき，2人の力を1つの力におきかえることができます。これを**力の合成**といい，おきかえた力を**合力**といいます。

ポイント　力の合成

・**力の合成**…物体にはたらく2つの力と同じはたらきをする，1つの力におきかえること。

・**合力**…おきかえた（合成された）力のこと。

一直線上にある2力の合成

〈2力の向きが同じとき〉　たし算だよ。
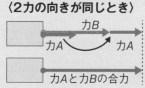

〈2力の向きが逆のとき〉　ひき算だよ。
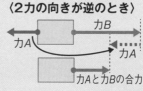

一直線上にない2力の合成

一直線上にない2力の合力は，2力を2辺とする**平行四辺形の対角線**で表される。

 力の分解

　合力を求めることができるということは，逆に，1つの力を2つに分けることができるということです。これを**力の分解**といい，分けた力を**分力**といいます。

ポイント　力の分解

・**力の分解**…1つの力を，同じはたらきをする2つの力に分けること。

・**分力**…分解して求めた力のこと。

分力の求め方

　分解しようとする力の矢印を**対角線**とし，あたえられた2方向を2辺とする平行四辺形をかいたとき，**平行四辺形の2辺が分力**を示す。

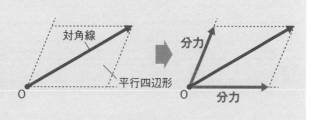

斜面上の物体にはたらく力の1つに**重力**があります。重力の向きは必ず**下向き**ですが，**斜面に平行な分力**と，**斜面に垂直な分力**の2方向の力に分解できます。斜面上の物体が斜面にそって下るのは，物体に**斜面に平行な分力がはたらいているから**なのです。

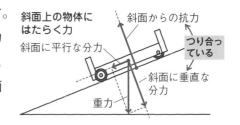

斜面上の物体にはたらく力

斜面からの抗力
斜面に平行な分力
斜面に垂直な分力
重力
つり合っている

2 運動のようす

授業動画はこちらから

🔵速さ

運動のようすを調べるには，物体がどの**向き**に，どれくらいの**速さ**で動いているのかを知る必要があります。

速さの変化を調べる器具に記録タイマーがあります。電流を流すと一定の時間間隔（かんかく）で紙テープに点を打つ装置で，運動する物体に紙テープをつけて記録タイマーに通すと打点の間隔から物体の速さがわかるのです。

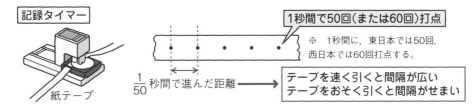

記録タイマー
紙テープ

$\frac{1}{50}$秒間で進んだ距離 →

1秒間で50回（または60回）打点
※ 1秒間に，東日本では50回，西日本では60回打点する。

テープを速く引くと間隔が広い
テープをおそく引くと間隔がせまい

速さとは，物体が**一定時間に移動した距離**（きょり）で表します。また，速さには，**平均の速さ**と**瞬間（しゅんかん）の速さ**の2種類があります。

速さ

・**速さ**…一定時間に物体が動く距離のこと。単位は，m/s（メートル毎秒）や，km/h（キロメートル毎時）など。

$$速さ〔m/s〕=\frac{移動距離〔m〕}{時間〔s〕}$$

・**平均の速さ**…ある区間を一定の速さで移動したとして求めた速さ。

・**瞬間の速さ**…ごく短い時間に移動した距離から求めた速さ。

速さの単位〔m/s〕から，速さは，〔m〕÷〔s〕と求められることがわかるよ。

東海道新幹線「のぞみ号」は，東京・新大阪間約550kmを約2時間30分で走るので，同じ速さで走ったとしたときの平均の速さは，550〔km〕÷2.5〔h〕=220〔km/h〕となります。ところが，のぞみ号はつねに同じ速さで走っているわけではありません。加速したり減速したりしています。このときのスピードメーター（速度計）が示す速さが，**瞬間の速さ**なのです。

のぞみ号

ところで，物体の運動には，**速さが変わる運動**と，**速さが一定の運動**の2種類があり，そこには力が大きく関係しています。

速さが変わる運動

斜面上の物体には，**斜面に平行な下向きの力**がはたらいていて，この力によって物体をすべり落とそうとしています。斜面に平行な下向きの力は，斜面上の物体にはたらく**重力の分力**です。重力の大きさは斜面の傾きに関係なく**一定**ですが，斜面方向の分力は斜面の傾きによって変化します。

下の図のように，斜面の傾きが大きくなると，**斜面方向の分力**は，斜面の傾きが小さいときより**大きく**なります。このため，急な斜面のほうが，物体はより速いスピードで動くのです。（斜面からの抗力は斜面に垂直な分力とつり合っている）

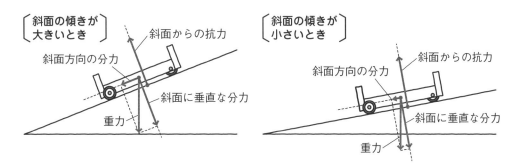

〔斜面の傾きが大きいとき〕　斜面からの抗力　斜面方向の分力　斜面に垂直な分力　重力

〔斜面の傾きが小さいとき〕　斜面からの抗力　斜面方向の分力　斜面に垂直な分力　重力

斜面の傾きを変えて，斜面を下る台車の運動を記録タイマーでテープに記録すると，次のようになります。記録タイマーのテープから，斜面の傾きが大きいほうが，並べたテープの傾きが大きくなり，速さの変化が大きいことがわかります。

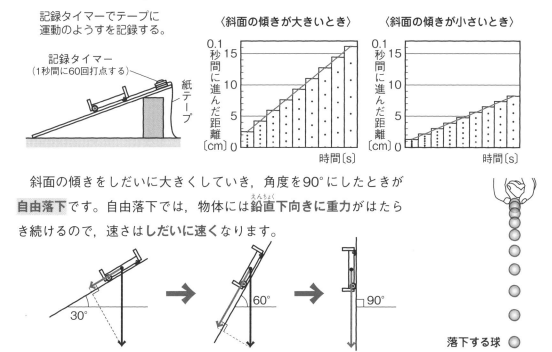

記録タイマーでテープに運動のようすを記録する。

記録タイマー（1秒間に60回打点する）　紙テープ

〈斜面の傾きが大きいとき〉　0.1秒間に進んだ距離〔cm〕　時間〔s〕

〈斜面の傾きが小さいとき〉　0.1秒間に進んだ距離〔cm〕　時間〔s〕

斜面の傾きをしだいに大きくしていき，角度を90°にしたときが**自由落下**です。自由落下では，物体には**鉛直下向きに重力**がはたらき続けるので，速さは**しだいに速く**なります。

30°　60°　90°

落下する球

斜面を下る物体のように，速さがだんだん速くなる運動もあれば，速さがだんだんおそくなる運動もあります。

たとえば，右の図のように，ざらざらな面を物体が矢印の方向に運動しているとします。このとき，物体には運動の向きとは**逆向きの，物体の運動をさまたげる力**がはたらいています。このため，物体の速さは**だんだんおそく**なるのです。このときの物体の運動をさまたげる力を**摩擦力**といいます。

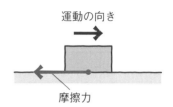

運動の向き

摩擦力

❀速さが変わらない運動

ざらざらな面では摩擦力がはたらいて，物体の速さはだんだんおそくなります。では，摩擦力のないツルツルのアイススケート場のような面ではどうでしょうか。

このときは，運動の向きと逆向きの，運動をさまたげる力ははたらいていません。このため，はじめに動いていた速さのまま，**ずっと一直線上を一定の速さで運動**し続けます。

このように，一直線上を一定の速さで進む物体の運動を，**等速直線運動**といいます。

等速直線運動をする台車の運動を記録タイマーでテープに記録すると，テープの打点間隔はすべて**等しく**なります。

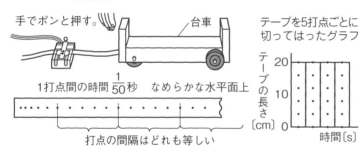

手でポンと押す。 台車

1打点間の時間 $\frac{1}{50}$秒 なめらかな水平面上

打点の間隔はどれも等しい

テープを5打点ごとに切ってはったグラフ

テープの長さ〔cm〕

時間〔s〕

等速直線運動をするということは，物体に力がはたらいていないか，はたらいていてもつり合っているということよ。

力と物体の運動との関係をまとめると，次のようになります。

ポイント 力と速さ

・**速さの変化**…物体に力がはたらくと，速さは変化する。
　　運動方向に力がはたらき続けると，速さはだんだん速くなる。
　　運動方向と逆方向に力がはたらき続けると，速さはだんだんおそくなる。
・**物体に力がはたらかないとき**…速さは**変わらない。**（等速直線運動をする。）

Check 1

🔺**解説は別冊p.23へ**

次の問いに答えなさい。
(1) 物体の運動方向に力がはたらき続けると，速さはどうなるか。　　　　（　　　　）
(2) 一定の速さで一直線上を進む物体の運動を何というか。　　　　（　　　　）

3 運動の法則

ほかの物体から力がはたらかないときや，はたらいている力がつり合っているとき，物体は決まった状態や運動を続けようとします。

ポイント 慣性の法則

慣性の法則…ほかの物体から力がはたらかないとき，または，はたらいている力がつり合っているとき，
① **静止している物体**…いつまでも**静止**を続ける。
② **運動している物体**…そのままの速さで**等速直線運動**を続ける。

物体が静止を続けようとしたり，等速直線運動を続けようとするように，**物体がその運動の状態を続けようとする性質**を**慣性**といいます。

電車に乗っていて，急発進や急停車をしたとき，からだが動きますね。これは**慣性の法則**によるものなのです。

電車が急発進すると，慣性によってそれまでの静止を続けようとするので，うしろに倒れそうになります。

一方，急停車すると，慣性によってそれまでの速さで運動を続けようとするので，前に倒れそうになります。だるま落としも同じで，だるまの下をたたき飛ばしても，だるまはその位置に静止しようとするので，そのまま下に落ちるのです。

もう1つ，運動の法則を紹介します。右の図のように，台車に乗ったAさんが壁を押すと，図2のように，Aさんは壁から力を受けて，押した向きとは反対方向に動きます。

このように，ある物体に力を加えると，同時にその物体から必ず力を受けます。このとき，**加える力を作用**，**受ける力を反作用**といいます。

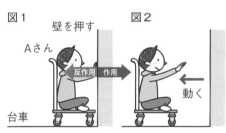

Aさんが壁を押す力が作用，壁がAさんを押し返す力が反作用だ。つり合いの関係にはないぞ！

ポイント 作用・反作用の法則

作用・反作用の法則…作用と反作用は**2つの物体**の間で**同時**にはたらき，大きさは**等しく**，向きは**反対**で，**一直線上**ではたらく。

4 水圧と浮力

　プールに入ると，からだはプカプカ浮きますよね。その秘密は，「**水圧**」と「**浮力**」にあります。「水圧」については，「大気圧」と同じように考えます。空気と同じで，水もたくさんの粒からできています。ということは，水の重さによる圧力があるはずです。それを「**水圧**」といいます。

　「大気圧」と同じで，深いところほど，多くの水がのしかかっているので，「水圧」は**深いところほど大きく**なります。また，水圧は大気圧と同様に，**あらゆる方向から**はたらきます。

水の重さが
のしかかる！

　水の中では，物体に「**浮力**」という力がはたらきます。この浮力は，物体を浮かせようとする**上向きの力**です。浮力の大きさは，**空気中での重さと，水中での重さの差**です。

　また，物体が完全に水の中に入ってしまうと，深さに関係なく，**浮力の大きさは一定**です。

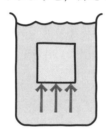

もっとくわしく

浮力には，水圧が大きく関係しています。上からの水圧と，下からの水圧の差が，浮力を生み出す原因です。

Check 2　　　　　　　　　　　　　　　🐟解説は別冊p.23へ

　水中の物体に対してはたらく上向きの力を何というか。　　　　　　　（　　　　　）

Lesson 24 の 力だめし

授業動画は
こちらから ·····➤ 125

➡ 解説は別冊p.24へ

1 右の図は，斜面上に置いた質量500gの立方体の物体を表している。これについて，次の問いに答えなさい。

(1) 重力の斜面に平行な分力と，斜面に垂直な分力を図にかき入れよ。

(2) 重力の斜面に平行な分力，および垂直な分力の大きさは，それぞれ何Nか。ただし，方眼の1目もりは1Nの力とする。

平行な分力… [   ]

垂直な分力… [   ]

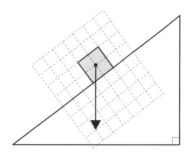

(3) 物体には，斜面に垂直に斜面からの力がはたらいている。この力の大きさは何Nか。

[   ]

2 右の図1，図2は，なめらかな（摩擦力を考えなくてよい）水平面の上を運動する台車の動きを，1秒間に50打点する記録タイマーで記録したテープの一部である。これについて，次の問いに答えなさい。ただし，記録テープは，図の矢印が示す側で台車とつながっている。

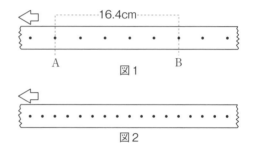

図1

図2

(1) 図1，図2とも打点間隔は一定であった。このときの台車が行っている運動を，特に何というか。

[運動]

(2) 図1と図2で，台車の速さが速いのはどちらか。番号で答えよ。 [図   ]

(3) 図1の打点AB間の距離が16.4 cmのとき，台車の速さは何cm/sか。

[   ]

(4) なめらかな斜面を下る台車の運動を，同じ記録タイマーで記録したテープの打点のようすはどのようになるか。次のア〜エから1つ選び，記号で答えよ。[   ]

ア

イ

ウ

エ

Lesson 25 仕事とエネルギー

[中学3年]

このLessonのイントロ♪

お父さんが「仕事」にいく。あの人は「エネルギー」が満ちあふれている。など日常的によく使う「仕事」と「エネルギー」という言葉ですが、理科での意味は違うものです。理科での意味をしっかり理解しましょう。

❶ 仕事

126

　仕事という言葉を聞くと，日常生活での仕事を思い浮かべがちですが，理科における仕事は，日常生活の仕事とはちがうのです。理科での仕事は次のようになります。

仕事

> **仕事**…物体に力を加えて，その向きに物体を動かしたとき，力が物体に仕事をしたという。仕事の大きさは力と距離の積で表す。単位はジュール（J）
>
> **仕事〔J〕＝力の大きさ〔N〕×力の向きに動かした距離〔m〕**

　下の図1では，1kgの物体を3m持ち上げています。このときの仕事は，**重力**にさからってする仕事です。1kgの物体にはたらく重力の大きさは10Nですから，
仕事＝10〔N〕×3〔m〕＝30〔J〕 となります。

　では，図2のように，1kgの物体を持ったまま，水平方向に3m移動したときはどうでしょうか。このとき，**重力にさからって物体を移動させていません**。だから，この場合は，
仕事＝10〔N〕×0〔m〕＝0 となり，仕事をしたことにはならないのです。

　図3のように，1kgの物体を3m動かしました。このとき，物体を動かすのに必要な力の大きさは6Nでした。この仕事は**摩擦力**にさからってする仕事で，**仕事＝6〔N〕×3〔m〕＝18〔J〕** となります。また，摩擦力は物体を動かすときの力と同じで6Nです。

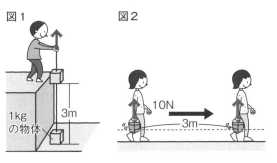

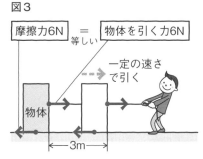

❷ 仕事の原理と仕事率

127

　てこや斜面を使うと，物体を楽に持ち上げることができます。では，このとき仕事の大きさは小さくなっているのでしょうか。実は，道具を使って物体に仕事をしても，直接手で物体に仕事をしても，仕事の大きさは変わりません。これを**仕事の原理**といいます。

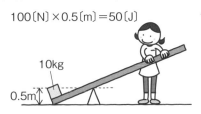

100〔N〕×0.5〔m〕＝50〔J〕

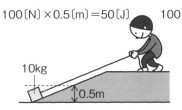

100〔N〕×0.5〔m〕＝50〔J〕

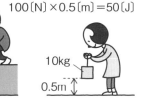

100〔N〕×0.5〔m〕＝50〔J〕

仕事の原理がテストなどで出題されるときには、**滑車**がよく用いられます。滑車には2種類あるので、まずそのつくりを見てみます。

①**定滑車**…固定されている滑車。力の**向きは変えられる**が、力の**大きさは変えられない**。

②**動滑車**…固定されていない滑車。**小さな力で大きな力を伝えられる**が、ひもを引く距離は**長くなる**。

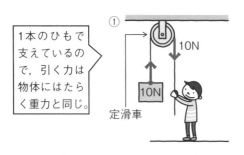

1本のひもで支えているので、引く力は物体にはたらく重力と同じ。

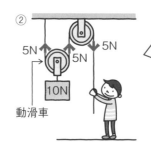

2本のひもで支えているので引く力は$\frac{1}{2}$になるが、そのかわり、2倍の長さひもを引かないと、定滑車を使ったときと同じ高さにならない。

たとえば、質量2kgの物体を、「直接手で持ち上げる」、「定滑車で持ち上げる」、「動滑車で持ち上げる」という3つの方法で1m持ち上げるとすると、そのときの仕事は次のようになります。

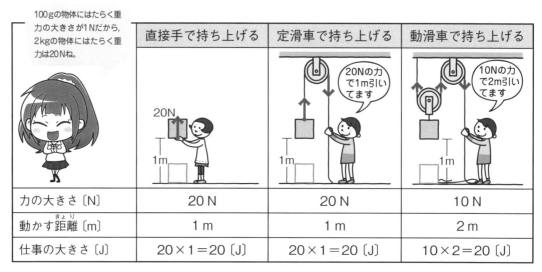

100gの物体にはたらく重力の大きさが1Nだから、2kgの物体にはたらく重力は20Nね。

	直接手で持ち上げる	定滑車で持ち上げる	動滑車で持ち上げる
力の大きさ〔N〕	20 N	20 N	10 N
動かす距離〔m〕	1 m	1 m	2 m
仕事の大きさ〔J〕	20×1＝20〔J〕	20×1＝20〔J〕	10×2＝20〔J〕

20Nの力で1m引いてます

10Nの力で2m引いてます

3つの方法とも、仕事の大きさは同じですね。道具を使っても直接手で仕事をしても、仕事の大きさは変わらないという、仕事の原理が成り立っています。

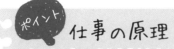 仕事の原理

仕事の原理…道具を使って物体に仕事をしても、直接手で物体に仕事をしても、仕事の大きさは**変わらない**。

仕事の原理を損得で考えたとき、道具を使ったときの仕事は、力は小さくてすみます（得をします）が、ひもなどを引く距離が長くなる（損をする）のです。

仕事をする場合，時間が速いかおそいかも問題になります。2分で100Jの仕事をするのと，10秒で100Jの仕事をするのでは，同じ大きさの仕事でも，**仕事の能率**がちがっています。

　どちらが仕事の能率がよいかを調べるには，ある時間でどれくらいの仕事ができたかという，一定時間あたりの仕事を比べればよいことになります。

　このような，仕事の能率を表すものとして**仕事率**が使われます。

 仕事率

仕事率…1秒間にする仕事の大きさ。
　　　単位はワット（W）

$$仕事率〔W〕=\frac{仕事の大きさ〔J〕}{仕事にかかった時間〔s〕}$$

500Nの荷物をクレーンで10mの高さまで引き上げるのに5秒かかったときの仕事率は，
　500×10÷5＝1000〔W〕
だよ。

③ エネルギー

授業動画はこちらから

♣エネルギー

　エネルギーという言葉も日常的によく使われるので，その意味をわかったつもりになっている人を多く見かけますが，理科におけるエネルギーとは，**仕事をする能力**のことなのです。エネルギーの単位には，仕事の単位と同じ**ジュール（J）**を使います。

　では，仕事をする能力とは，いったい何なのでしょうか。

　たとえば，右の図のようにボウリングの玉を持ち上げ，真下のくいに落とします。すると，くいは地面に打ちこまれ，くいは仕事をされたことになります。つまり，持ち上げられたボウリングの玉は仕事をする能力をもっていたことになります。

ボウリングの玉

くい

　持ち上げられたボウリングの玉のように，**高いところにある物体がもっているエネルギー**を位置エネルギーといいます。玉を持ち上げたときの仕事の大きさが100Jなら，玉は100Jの位置エネルギーを持っていたことになります。

　こんどは，ボウリングの玉をレーンにそって転がし，ピンにぶつけます。すると，ピンははね飛ばされ，仕事をされたことになります。つまり，転がっている，運動しているボウリングの玉は仕事をする能力をもっていたことになります。

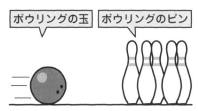

ボウリングの玉　ボウリングのピン

　転がっているボウリングの玉のように，**運動している物体がもっているエネルギー**を運動エネルギーといいます。

位置エネルギーと運動エネルギー

- **位置エネルギー**…高いところにある物体がもっているエネルギーで，
  基準面からの高さと質量に比例する。
- **運動エネルギー**…運動している物体がもっているエネルギーで，
  質量に比例し，速さが速いほど大きくなる。

たとえば，ダムにたまった水は位置エネルギーをもっています。また，くい打ち機は，高い所へ引き上げたおもりのもつ位置エネルギーを利用しています。水車は，流れる水がもっている運動エネルギーによって回転しています。

♣力学的エネルギーの保存

 位置エネルギーと運動エネルギーの和を力学的エネルギーといい，このエネルギーは保存されます。摩擦や空気の抵抗などを考えない場合，成り立ちます。

 力学的エネルギーの保存

力学的エネルギーの保存…位置エネルギーと運動エネルギーの和である力学的エネルギーはつねに**一定に保たれる**。これを，**力学的エネルギー保存の法則**という。

力学的エネルギーが保存されることを，ふりこの運動で見てみましょう。

右の図のように，ふりこがA点からC点まで運動するとき，

- A点…位置エネルギーは最大。運動エネルギーは0。
- AB間…位置エネルギーは減少し，
  運動エネルギーは増加する。
- B点…位置エネルギーは0。運動エネルギーは最大。
- BC間…位置エネルギーは増加し，
  運動エネルギーは減少する。
- C点…位置エネルギーは最大。運動エネルギーは0。

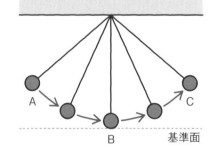

このように，位置エネルギー（B点の高さを基準とする）と運動エネルギーはたがいに移り変わりますが，その和はつねに一定に保たれているのです。

Check 1

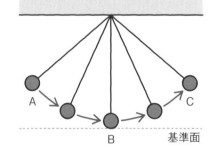 → 解説は別冊p.24へ

次の問いに答えなさい。

(1) 高いところにある物体がもっているエネルギーを何というか。 （　　　　）

(2) 運動している物体がもっているエネルギーを何というか。 （　　　　）

Lesson 25 の力だめし

➡解説は別冊p.25へ

1 次の問いに答えなさい。ただし，質量100gの物体にはたらく重力の大きさを1Nとする。

(1) 質量1.5 kgの荷物を手で支え，水平な床の上を15 m歩いて運んだ。このとき，人が荷物にした仕事は何Jか。ただし，荷物は上下しなかったものとする。

[　　　　　　　]

(2) (1)の荷物を定滑車を使って3.0 mゆっくりと引き上げた。荷物がされた仕事は何Jか。

[　　　　　　　]

(3) (2)のとき，荷物がもつ位置エネルギーは増加するか，減少するか。

[　　　　　　　]

応用(4) (1)の荷物が床から4.0 mの高さにあって，静かに落下した。床につく直前に荷物がもっている運動エネルギーは何Jか。 [　　　　　　　]

2 次の図は，質量1.0 kgの物体を滑車や摩擦のない斜面を利用して引き上げているようすを表している。これについて，あとの問いに答えなさい。ただし，滑車やロープの重さは考えないものとする。

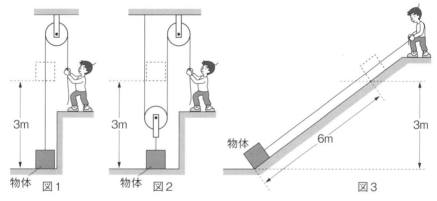

3m 物体 図1

3m 物体 図2

物体 6m 3m 図3

(1) 図2で，人がロープを引いている力は何Nか。

[　　　　　　　]

(2) 物体を3 m引き上げたとき，人が物体にした仕事はそれぞれ何Jか。

図1[　　　　] 図2[　　　　] 図3[　　　　]

応用(3) 人がロープを引く速さが毎秒50 cmのとき，仕事率が最も大きいのは図1～図3のどの場合か。図の番号で答えよ。

[図　　　　　]

Lesson 26 科学技術と人間

このLessonのイントロ♪

私たちの生活は科学技術の上に成り立っていると言っても過言ではありません。科学のない世界なんか想像できませんよね。ここでは，人間がどのような形で科学技術を利用しているのかを勉強していきます。

1 いろいろなエネルギーとその移り変わり

授業動画はこちらから

いろいろなエネルギー

私たちのまわりには，位置エネルギーや運動エネルギーのほかに，さまざまな**エネルギー**があり，エネルギーに囲まれて生活しているといえます。まず，どのようなエネルギーがあるかを見ていきましょう。

①モーターに電流を流すと，モーターが回転して，物体を動かすことができます。このような電気がもっているエネルギーを**電気エネルギー**といいます。

②水に熱を加えて蒸発させ，水蒸気にするとタービンなどを回転させることができます。熱がもっているエネルギーを**熱エネルギー**といいます。（図1）

③光電池に光をあてると，モーターが回転し，物体を動かすことができます。このような光がもっているエネルギーを**光エネルギー**といいます。（図2）

④ガスや石油などが燃える（化学変化）と熱などが発生します。ガスや石油はエネルギーをもっているといえ，このように，物質がもっているエネルギーを**化学エネルギー**といいます。

⑤スピーカーや太鼓などから出る大きな音は，近くにある物体をふるわせることができるので，エネルギーをもっています。音がもつエネルギーを**音エネルギー**といいます。

⑥引きのばされたり押し縮められたりしたゴムやばねは，もとにもどろうとするときの力で物体を動かすことができるので，エネルギーをもっています。このようなエネルギーを**弾性エネルギー**といいます。

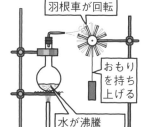

図1〈熱エネルギー〉
羽根車が回転
おもりを持ち上げる
水が沸騰→水蒸気発生

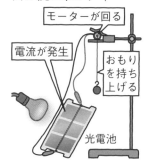

図2〈光エネルギー〉
モーターが回る
電流が発生
おもりを持ち上げる
光電池

エネルギーの移り変わり

私たちは日常生活で，**エネルギーをちがうエネルギーに変換しながら利用**しています。

たとえば，テレビではコンセントにつないで電気エネルギーを得ていますが，電気エネルギーを光エネルギーや音エネルギーに変換することで映像を映し出したり，音を出したりしているのです。

電気エネルギー　光エネルギー　音エネルギー

このほか，電気ストーブでは電気エネルギーが熱エネルギーに，水力発電では水の位置エネルギーが運動エネルギー，さらに電気エネルギーに，自動車では化学エネルギーが熱エネルギー，運動エネルギーへと移り変わっています。

ところで，テレビではコンセントから得られた電気エネルギーがすべて光エネルギーと音エネルギーに変換されたわけではありません。電気製品は熱を出し，**熱エネルギー**にも変換されています。ただし，この熱エネルギーは，**利用できないエネルギーとして放出**されているのです。

　テレビで使われている**光エネルギー，音エネルギー，さらに放出されてしまった熱エネルギーをすべてたすと，もとの電気エネルギーと同じ量**になります。これを，**エネルギーの保存（の法則）**といいます。

 エネルギーの保存と変換効率

- **エネルギーの保存（の法則）**…いろいろなエネルギーがたがいに移り変わっても，エネルギーの総量は**つねに一定に保たれる**こと。
- **エネルギーの変換効率**…エネルギーが変換されるとき，もとのエネルギーに対する利用できないエネルギーの損失分を差し引いた，有効に利用できるエネルギーの割合。

　たとえば，蛍光灯を使うときに，電気エネルギーを光エネルギーに変換するのですが，その過程で熱エネルギーが生じます。電気エネルギーが100Jで光エネルギーに40J変換されたとすると，残り60Jは熱エネルギーに変換されています。40＋60＝100〔J〕となり，エネルギーの総量は保たれています。

　次に，**エネルギーの変換効率**を考えてみます。

　ここに，AとBの2つの蛍光灯があるとします。

　Aは熱エネルギーへの変換分が50J，光エネルギーへの変換分も50Jで，Bは熱エネルギーへの変換分が30J，光エネルギーへの変換分が70Jとしましょう。

　このとき，どちらももとの電気エネルギーは100Jですが，Bのほうが損失分（熱エネルギー）が少ない，つまり有効に利用できるエネルギーが大きいので，**変換効率が高い**ということになるのです。

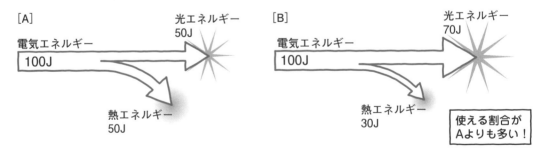

🔥熱の伝わり方

　エネルギーの変換では，熱エネルギーがたびたび登場します。この熱は，大きく3つの伝わり方をします。

熱の伝わり方

- **伝導**…温度の異なる物体が接しているとき，高温の部分から低温の部分へ熱が移動する伝わり方。
- **対流**…気体や液体の状態で，あたためられた物質が移動して全体に熱が伝わる伝わり方。
- **放射**…熱が赤外線や光になって離れたものに直接伝わる伝わり方。

ストーブに手をかざしたときの熱の伝わり方はどれかしら？

コンロの火

フライパンをあたためると，中心部分から徐々に熱が伝わっていく。

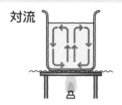

対流

ビーカーに入れた水をあたためると，あたためられた水が上に移動して，上にある冷たい水と入れかわる。

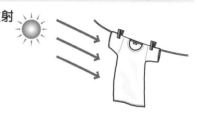

放射

太陽光による熱エネルギーで温度が上がる。

2 エネルギー資源

授業動画はこちらから 133

　自然界には，石油や石炭などの化石燃料がもつ化学エネルギー，太陽光による光エネルギーなど，いろいろなエネルギー資源があります。

　これらのエネルギー資源は，利用しやすい電気エネルギーとして私たちの生活に供給されています。その電気エネルギーを得る方法が発電です。

　ここでは，いろいろな発電方法を見てみます。

火力発電

　石炭・石油・天然ガスなどの**化石燃料**を燃やして高温・高圧の水蒸気をつくり，タービンを回して発電する。

　長所…燃やす量を調節し，**発電量を比較的簡単に調節**できる。

　短所…資源に限りがある。化石燃料を燃やすことで**二酸化炭素**を排出し，**地球温暖化の原因**になる。

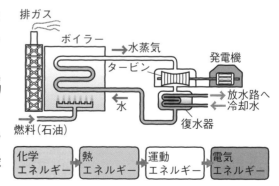

排ガス
ボイラー
→水蒸気
タービン
発電機
→放水路へ
←冷却水
水
復水器
燃料(石油)

化学エネルギー → 熱エネルギー → 運動エネルギー → 電気エネルギー

💧水力発電

　川などにダムをつくって水をため，水を高い位置か
ら落下させ，水のもっている位置エネルギーを運動エ
ネルギーに変え，タービンを回して発電する。

　長所…燃料が必要なく，**温室効果ガスも出ない。**

　短所…夏に水が不足することがある。ダム建設によ
　　　　る自然環境への影響が大きい。

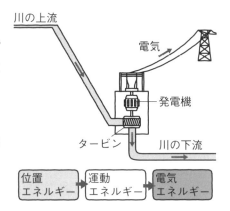

位置エネルギー → 運動エネルギー → 電気エネルギー

☢原子力発電

　原子炉の中でウランなどの核分裂のエネ
ルギーによって高温・高圧の水蒸気をつく
り，タービンを回して発電する。

　長所…**少量の核燃料から大量のエネルギー**
　　　　が得られ，温室効果ガスを出さない。

　短所…放射線が外部にもれると危険で，
　　　　事故が起きたときのリスクが大きい。
　　　　使用済み核燃料や冷却水などの安
　　　　全な処理が必要である。ウランなどの資源に限りがある。

核エネルギー → 熱エネルギー → 運動エネルギー → 電気エネルギー

🌱新しいエネルギー資源

　いつまでもくり返し使えるエネルギー（再生可能エネルギー）を使った発電方法の開発が
進んでいます。

・**太陽光発電**…光電池（太陽電池）を使い光エネルギーから直接電
　気エネルギーをとり出して発電する。エネルギーの変換効率の
　向上や低コスト化により，家庭に普及し始めている。

・**風力発電**…立地条件がよければ，電気を安定して得られる。た
　だし，プロペラによる騒音や環境への影響が懸念されている。

・**地熱発電**…地下のマグマの熱でつくられた高温・高圧の水蒸気
　を利用して発電している。半永久的に使えるが，立地条件が限
　られる。

・**バイオマス発電**…農林業から出る作物の残りかす，家畜のふん，
　間伐材などを活用して燃焼させたり，微生物を使ってアルコー
　ルやメタンを発生させ，これらを燃焼させたりして発電する。

　　これらのほか，太陽熱発電，波力発電，潮力発電，燃料電池な
どがあります。

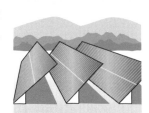

▲太陽光発電

▲風力発電

プラスチック

プラスチックは**有機物**の一種で**炭素**をふくみます。私たちの生活の中には，多くのプラスチック製品があります。シャープペンシルや消しゴム，パソコンにもプラスチックは使用されています。プラスチックには，たくさんの種類があり，それぞれの性質によって使い分けられています。

ポイント プラスチック

種類	用途の例	性質
PE（ポリエチレン）	・バケツ ・シャンプーの容器など	油や薬品に強い 水に浮く
PET （ポリエチレン 　テレフタラート）	・ペットボトル ・飲料カップ	とうめい 透明で圧力に強い
PVC （ポリ塩化ビニル）	・消しゴム ・ホース	燃えにくい
PS （ポリスチレン）	・CDケース ・発泡ポリスチレン	水に沈む
PP （ポリプロピレン）	・ペットボトルのふた	熱に強い

補足 発泡ポリスチレンは，ポリスチレンが空気をふくんだものです。水に浮き，断熱保温性があり，食品容器などに使われます。

Lesson 26 の 力だめし

解説は別冊p.25へ

1 エネルギーにはいろいろな種類のものがあり，たがいに移り変わることができる。次のA〜Fのエネルギーについて，あとの問いに答えなさい。

[134]

A. 電気エネルギー	B. 熱エネルギー	C. 光エネルギー
D. 運動エネルギー	E. 化学エネルギー	F. 音エネルギー

(1) 次の①〜⑤のエネルギーの利用法では，A〜Fのうち，おもにどのエネルギーからどのエネルギーに移り変わっているか。[A]→[E]のように記号で答えよ。

① 電気ストーブをつけてあたたまる。　　　　[　　]→[　　]
② 乾電池で電流をとり出す。　　　　　　　　[　　]→[　　]
③ 蛍光灯をつけて部屋を明るくする。　　　　[　　]→[　　]
④ CDプレーヤーで音楽をきく。　　　　　　 [　　]→[　　]
⑤ ガスを燃やして湯をわかす。　　　　　　　[　　]→[　　]

(2) いろいろな種類のエネルギーがたがいに移り変わるとき，エネルギーの総量は一定に保たれる。このことを何の法則というか。

[　　　　　　　　　　　　　　の法則]

2 次のA〜Eは，代表的な発電の方法を示している。これについて，次の問いに答えなさい。

A. 火力発電　　　B. 水力発電　　　C. 原子力発電　　　D. 風力発電
E. 太陽光発電

(1) 自然のもつ運動エネルギーを利用して発電する方法はどれか。A〜Eから2つ選び，記号で答えよ。　　　　　　　　　　　　　　　[　　][　　]

(2) 自然に有害な物質を排出しないという点で，環境にやさしいといえる発電方法はどれか。A〜Eから3つ選び，記号で答えよ。

[　　][　　][　　]

(3) 自然破壊をまねくとして，最近では新たな発電所の建設が難しくなっている発電方法はどれか。A〜Eから1つ選び，記号で答えよ。　　　　　[　　]

(4) 使用済みの燃料の処理に関する問題点や，事故が起こった場合のリスクが非常に高いことなどから，安全性が心配されている発電方法はどれか。A〜Eから1つ選び，記号で答えよ。　　　　　　　　　　　　　　　　　　[　　]

(5) 発電のしくみが，ほかの4つの発電方法とは異なっている発電方法はどれか。A〜Eから1つ選び，記号で答えよ。　　　　　　　　　　　[　　]

科学者② アイザック・ニュートン

ガリレオが亡くなってから1年ほどたった1642年，イギリスのウールスソープ村に近代科学最高の科学者が誕生します。アイザック・ニュートンです。

ニュートンは，とても暗い少年時代を過ごしたようです。ニュートンの父は，ニュートンが生まれたときにはもう他界していました。母親は牧師と再婚することになりますが，この牧師はニュートンと一緒に暮らすことを認めず，結局，ニュートンは祖母と暮らすことになりました。このころのニュートンは，日記に「義父が住んでいる教会に火をつけてやろうと思った」などと書いており，ニュートンの憎しみ・悲しさが垣間見られます。

ニュートンは，親類の勧めでケンブリッジ大学に入学します。そこで，ニュートンは自然哲学（当時はまだ科学という言葉はなかった）の勉強をします。

大学近くの下宿に住んでいたニュートンですが，1665年〜1666年にイギリスでペスト（黒死病）が流行り，大学が閉鎖されたために，ニュートンはウールスソープ村の実家に帰ることになりました。実家に戻ったこの1年でニュートンは1人でじっくり思考をめぐらし，さまざまな発見をします。『万有引力』『微分積分学』『光学の研究』です。のちに人々はこの年を「驚異の年」と言います。ニュートン自身も晩年この時期を「人生の中で最もアイデアにあふれていたときだった」と語っています。有名な「リンゴが落ちるのを見て，万有引力を思いついた」というエピソードがもし本当であれば，この時期の話ですね。

さて，大発見をしたニュートンですが，ニュートンの性格が原因なのでしょうか，これらの研究成果をまったく公表しようとしないのです。これらの研究が公になるのは発見してから約20年後になります。

発見してから約20年後，友人のエドモンド・ハレー（ハレー彗星にその名が残っている）の助力によって，ニュートンは本を出版することになります。近代科学において最も重要な著作と言われる「自然哲学の数学的諸原理」，通称「プリンキピア」です。

この本によって，数多くの人々が「ニュートン」という科学者を知ることになります。この本には物体の運動を中心に記述がなされています。中学理科で学ぶ「慣性の法則」「作用反作用の法則」もプリンキピアで初めて世に出たものです。

特に「慣性の法則」はガリレオも発見していました。それをニュートンはきれいにまとめたのです。まさに，ガリレオの遺志を受け継いだといえます。

本書の読者の中から，未来のガリレオやニュートンが誕生する日がくるのを楽しみにしています。

Lesson 27 天体の1日の動き

[中学3年]

このLessonのイントロ♪

太陽は東の空からのぼって，西の空に沈みます。ところが，本当は太陽は動いていません。ただ，太陽が動いているように見えるだけなんです。そのカラクリをこのLessonで解説していきましょう。

1 天体の1日の動き

🎵日周運動

　私たちは地球というとても大きな星で生きています。しかし，その地球も宇宙から見れば小さな粒でしかありません。地球から空を見上げると，そこには，太陽や多くの星が見えます。広大な宇宙の中で，地球から見た天体はどのように動いているのかをまとめます。

ポイント 天球

- **天球**…大空を地球を中心とした大きな球と考えたもの。
- **日周運動**…天体（太陽や星）は天球の中心から見ると，1日のうちに**東の空から出て南の空を通り，西の空へと沈む**ように見える。この天体の1日の動きを日周運動という。

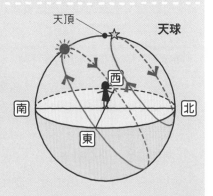

　宇宙をとらえるには，地球を中心とした大きな球を考えると便利です。その球の天井に星や太陽などの天体がはりついていると考えるのです。中心にいる**地球**，もしくは**観測者の真上が天頂**にあたります。

　天球で天体の1日の動きを見ると，天体は，**東→南→西**と動き，1日つまり24時間たつともとの位置にもどってくるように見えます。このような天体の1日の動きが**日周運動**なのです。**24時間でぐるっと天球上を1周**するわけです。つまり，**24時間で360度**動くのです。ということは，**1時間で，360÷24＝15〔度〕**動くことになります。

　1周する間に天体が真南にくることがあります。このときを**南中**といい，そのときの天体の高度を**南中高度**といいます。

ポイント 日周運動

- **日周運動の速さ**…1時間に**15度**ずつ移動する。
- **南中**…天体が真南にくること。
- **南中高度**…天体が南中したときの高さ。地平線からの角度で表す。
  （右の図で，∠AOBが南中高度）

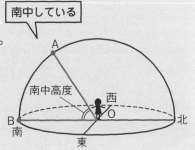

南中している

🔭星の動き

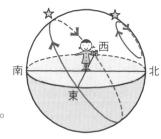

さて，天球の中心にいる観測者から東西南北の空を見ると，星はどのように動いて見えるのでしょうか。

右の図のように，「天球の中心に自分がいて，そこから4方向を向き，写真をとってみる」と考えるとわかりやすくなります。

天球の中心から観測すると，**東の空の星は右ななめ上**に移動しているように見え，**南の空の星は東から西へ**移動しているように見えます。また，**西の空**の星は**右ななめ下**に移動しているように見え，**北の空**の星は北極星を中心に反時計回りに回転しているように見えます。

東西南北の星の動きを1つにまとめると，星はたがいの位置を変えないで，東から西へ1時間に15度動いて見えます。このときの回転の中心は**北極星**です。

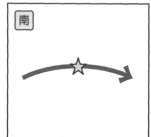

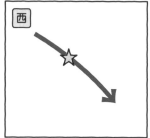

北極星

＊北極星はほとんど
動かない。

🔭地球の自転

天体は1日に地球のまわりを1周しているように見えますが，なぜそう見えるのでしょうか。その答えは**地球の自転**がにぎっています。

 地球の 自転

- **自転**…地球は，地軸を回転の軸として**西から東へ1日に1回転**している。
- **地軸**…地球の北極と南極を結ぶ線。
- **天体の日周運動の原因**…地球が西から東へ自転しているため，**天体は東から西へ動いている**ように見える。

北極星

北極

地軸

南極

日周運動の原因は，地球が自転しているからだったのです。

地球の自転の向きと天体の日周運動の向きが逆になることを，次のような方法でつかんでください。

今，あなたは回転いすにすわっているとします。そこで，回転いすにすわったままいすを左回り（反時計回り）に回転させます。すると，まわりのものは動いていないのに，右回り（時計回り）に動いているように見えるはずです。この原因は見る人が動いたからですね。

回転いすにすわって回転する自分が地球で，まわりが天体にあたるのです。

Check 1

→ 解説は別冊p.26へ

次の問いに答えなさい。
(1) 天体が1日に1回地球のまわりを回るように見える運動を何というか。 （　　　　）
(2) 地球が西から東へ1日に1回転することを何というか。 （　　　　）

② 方位と時刻

授業動画は
こちらから … 137

地上の方位は方位磁針を使うと知ることができます。では，地球を宇宙から見たときの方位はどのようにして求めればよいのでしょう。

 方位

方位…地球上のある1点で，**北は子午線にそって北極の方向**である。その**反対方向が南**で，**自転の向きが東**，**自転の逆向きが西**になる。
（太陽がのぼるほうが東，太陽が沈むほうが西。）

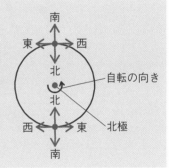

また，太陽と地球の位置から地球のどの位置が何時なのかわかります。

右下の図のような位置関係にあるときは，地球の左側には太陽の光があたり，右側にはあたりません。つまり，**左側が昼**で，**右側が夜**です。Aの位置にいる人は，時間がたつと地球の自転によって光があたるBに移動します。つまり，**夜が明けるとき**なのでだいたい6時ごろと考えられます。Cの位置は，真上に太陽があるのでお昼12時ごろです。このように考えると，時刻がわかるのです。

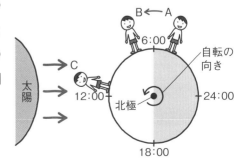

3 太陽の日周運動の観察

授業動画は
こちらから 138

138 太陽の1日の動きを観察するのに，**透明半球**に記録していく方法があります。透明半球を台紙に置き，太陽の光によってできた**ペン先の影が，円の中心にくる**ように印をつけていくのです。

〈透明半球による太陽の動きの観察〉

①透明半球を台紙の上に置く。

②**ペン先の影が円の中心**にくるように，透明半球に印をつける。

③印を1時間ごとにつける。

④つけた印をなめらかな曲線で結ぶ。

⑤太陽の道すじの線を透明半球のふちまで延長し，ふちと交わった点が，**日の出・日の入りの位置**になる。

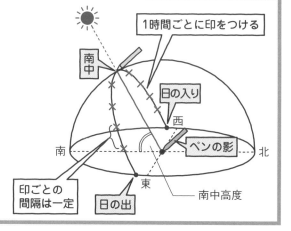

ペン先の影を円の中心に合わせるのは，下の図のように，透明半球と太陽の関係が実際の地球と太陽の関係と同じになるからです。

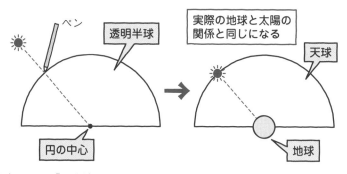

透明半球の観察では，「時刻」を求める問題が多く出されます。そのとき大切なのは，印と印の間の長さはつねに**一定**ということです。**太陽の日周運動の速さが一定**だからです。

たとえば，右の図のように印をつけ，データが以下のようであったとき，点Sでの時刻を求めます。

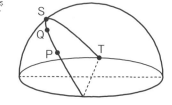

点P…午前9時	点Q…午前11時
PQ間の長さ…4cm	QS間の長さ…2cm

点PとQでは，11−9＝2〔時間〕の差があります。

PQ間の4cmが2時間にあたるので，QS間の2cmは，$\frac{2}{4} \times 2 = 1$〔時間〕にあたります。つまり，点Sは点Qの1時間後の印で，午前12時の記録ということがわかります。

同様に，ST間の長さがわかれば，日の入りの時刻を求めることができます。

解説は別冊p.26へ

1 太陽の日周運動について，次の問いに答えなさい。

(1) 太陽が1日のうちに東から西に動いて見えるのは，地球の何という動きが原因か。

地球の [ ]

(2) (1)の地球の動きの向きは，次のア～エのどの向きか。1つ選び，記号で答えよ。

ア．北から南　　　イ．南から北　　　ウ．東から西　　　エ．西から東

[ ]

(3) 太陽の南中高度は，図のa～cのどの角度で示されるか。1つ選び，記号で答えよ。 [ ]

(4) ある日，太陽が真東から6時30分にのぼった。この日の太陽の南中時刻は何時になると考えられるか。次のア～ウから1つ選び，記号で答えよ。

ア．11時30分　　　イ．正午　　　ウ．12時30分

[ ]

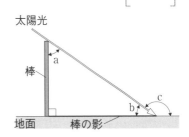

2 右の図は，日本のある地点で，ある日の太陽の1日の動きを透明半球上に記録したもので，P～Rは9時から1時間ごとに記録した点，Mは太陽が南中したときの点，S，Tは弧PRの延長が底面のふちとそれぞれ交わる点である。弧PQの長さは6cm，弧PSの長さは27cm，弧RMの長さは4cmであった。これについて，次の問いに答えなさい。

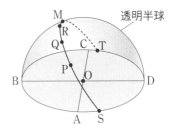

(1) AとDが表す方位は何か。それぞれ東，西，南，北で答えよ。

A…[ ]　　D…[ ]

(2) 弧QRの長さは何cmか。

[ ]

(3) 太陽の南中高度を表しているのはどれか。次のア～ウから1つ選び，記号で答えよ。

ア．∠DOM　　　イ．∠BOM　　　ウ．∠AOM

[ ]

(4) この日の太陽の南中時刻は何時何分か。 [時 分]

(5) 点Pと点Sの間は何時間何分か。 [時間 分]

(6) この日の日の出の時刻は何時何分か。 [時 分]

(7) この日の日の入りの時刻は何時何分か。 [時 分]

Lesson 28 天体の1年の動き

[中学3年]

このLessonのイントロ♪

Lesson27で、天体の1日の動きである日周運動について学びましたね。こんどは天体の1年の動きについて学習していきます。このLessonで季節が生じる原因が解明されます!

1 天体の1年の動き

Lesson 27で天体の1日の動きを学びましたが,では,1年という長い期間で見ていくとどのような動きをするのでしょうか。

実は,毎日同じ場所で同じ時刻に星を観察すると,星の位置は少しずつずれ,1年かけて地球のまわりを1周し,もとの位置にもどってくるように見えるのです。

ポイント 天体の1年の動き

天体が1年間に地球のまわりを1回転して見える運動を**年周運動**という。

1年で360度動いて見えるので,**1か月で約30度**(360÷12)ずつ動いて見える。

1か月は約30日なので,**1日に約1度**(30÷30)ずつ動いて見える。

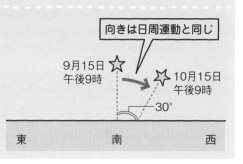

日周運動の原因は地球の自転でしたが年周運動の原因は何なのでしょうか。答えは地球の**公転**です。

地球は,自転しながら**太陽のまわりを1年かけて1周し**ます。これを**地球の公転**といいます。公転の向きは自転の向きと同じで,北極側から見て**反時計(左)回り**です(**西から東**)。

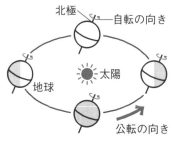

地球は自転と公転という2つの動きをしているのです。

自転と公転	**自転→1日に1回転。1時間で15度動く。**
	公転→1年に1回転。1か月で約30度動く。

回転の向きは同じだね。

太陽の1年の動き

黄道…年周運動による太陽の天球上でのみかけの通り道。黄道にそってならぶ12の星座を，黄道12星座という。

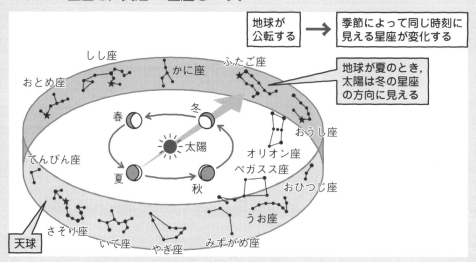

地球が公転する →	季節によって同じ時刻に見える星座が変化する

地球が夏のとき，太陽は冬の星座の方向に見える

しし座　かに座　ふたご座
おとめ座
てんびん座　春　冬　おうし座
太陽　オリオン座
夏　秋　ペガスス座
おひつじ座
天球　さそり座　いて座　やぎ座　みずがめ座　うお座

太陽は，地球から見ると**星座の間を西から東に1年で1周している**ように見えます。この太陽の通り道を**黄道**といい，黄道上には上のポイントの図のような**黄道12星座**があるのです。

黄道12星座は，星占いなどに使われている星座です。

星占いは，誕生日のころ，太陽がある方向近くの星座をその誕生日の星座としているのよ！

Check 1

📖 解説は別冊p.26へ

次の問いに答えなさい。
(1) 天体の年周運動では，3か月で動いて見える角度は何度か。　　　　　（　　　　　）
(2) 太陽が天球上を動いていくときの通り道を何というか。　　　　　（　　　　　）

2 季節の変化

授業動画はこちらから　＞＞＞ [141]

[141]
日本には，春・夏・秋・冬という4つの季節，つまり四季がありますね。四季は，その時期ごとの気温などによって区別されているわけですが，ではなぜ，四季の変化があるのでしょうか。

それを解明するためのキーワードは，**地軸，公転**の2つです。

ポイント 地軸の傾き

・**地軸の傾き**…地軸は，公転面に垂直な方向に対して**23.4度**傾いている。

・**公転面**…地球が太陽のまわりを公転するときの平面。

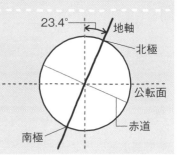

　地球は，地軸を**23.4度傾けたまま太陽のまわりを公転**しているのです。そのため，時期によって昼・夜の長さが変わってくるのです。

　下の図のように，北極側から見ると，地球の自転・公転の向きは**反時計（左）回り**です。地球は地軸を傾けて公転しているので，太陽の光があたる時間に差が生じます。

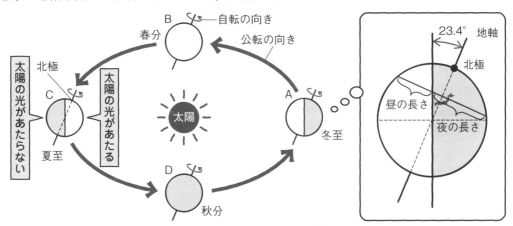

　上の図のAの位置に地球があるとき，日本付近の緯度帯では太陽の光があたるところよりも**当たらないところのほうが多い**ので，昼の長さよりも**夜の長さのほうが長い**ことになります。夜が長いということは，**太陽の光であたためられている時間が短い，つまり気温が上がらない**ので**冬（冬至）**になるのです。

　Cの位置に地球があるときには，Aとは逆に，夜の長さより**昼の長さが長くなる**ので，**太陽の光によくあたためられ気温が上がり，夏（夏至）**になります。

　BとDの位置に地球があるときは，昼の長さと夜の長さがほぼ**同じ**で，A（冬至）からC（夏至）への間にあるBが**春分**，CからAへの間にあるDが**秋分**となります。

　地球の公転軌道上で四季の位置を見つけるには，夏至か冬至の位置をつかみ，そこから反時計回りにたどっていくと，そのほかの季節もわかります。

四季の変化が起こる原因

　地球が**地軸を傾けたまま**，太陽のまわりを**公転している**から。

地軸が傾いていなかったら，季節の変化はないんだよ。

③ 南中高度の変化

太陽は，東→南→西へと動いているように見えます。そして，太陽が真南にくることを**南中**といい，そのときの高度を**南中高度**というのでしたね。

北半球での，四季それぞれの太陽の日周運動を透明半球上に記録すると，右の図のようになります。これを見ると，南中高度は**夏至の日で最大，冬至の日で最小**ということがわかります。

つまり，太陽の高度が高いほど，一定面積が受けとる日光の量は**多く**なり，気温は**高く**なります。

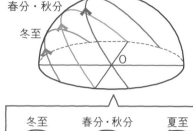

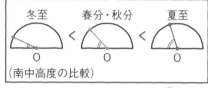

（南中高度の比較）

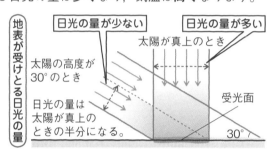

夏至の日は日光の量が多いわね。

南中高度の計算

・**春分・秋分の日の太陽の南中高度**

春分の日・秋分の日では，90度からその地点の緯度をひいた大きさになる。

・**夏至の日・冬至の日の太陽の南中高度**

地軸が23.4度傾いているので，

夏至の日では，春分・秋分より**23.4度高く**なる。

冬至の日では，春分・秋分より**23.4度低く**なる。

計算のやり方を覚えておこう！

南中高度の計算のまとめ	例 北緯40°地点の場合
春分・秋分▶90°－その地点の緯度	春分・秋分：90°－40°＝50°
夏至▶90°－その地点の緯度＋23.4°	夏至：90°－40°＋23.4°＝73.4°
冬至▶90°－その地点の緯度－23.4°	冬至：90°－40°－23.4°＝26.6°

Check 2

解説は別冊p.26へ

次の問いに答えなさい。

（1）夏至と冬至で，どちらの日が南中高度が高いか。　　　　　　　　　（　　　　　）

（2）夏至の日，ある地点での南中高度は78.4度であった。ある地点の北緯を求めよ。（　　　　　）

解説は別冊p.27へ

1 右の図は，ある日のオリオン座の動きを2時間ごとに観察し，スケッチしたものである。次の問いに答えなさい。

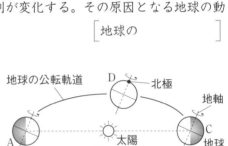

(1) 図の角Xは何度か。　　　　　[　　　　　]

(2) Aの位置に見えたのが22時のとき，Cの位置に見えるのは何時か。　[　　　　　]

(3) この日から1か月後にAの位置に見えるのは，何時ごろになるか。次のア～エから1つ選び，記号で答えよ。　[　　　　　]

ア．20時　　　イ．21時　　　ウ．23時　　　エ．24時

(4) (3)のように，星座が同じ位置に見える時刻が変化する。その原因となる地球の動きを何というか。　　　　　[地球の　　　　　]

2 右の図1は，春分，夏至，秋分，冬至の日における地球の位置を表している。これについて，次の問いに答えなさい。

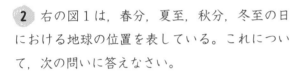

図1

(1) 春分の日と夏至の日の地球の位置はどれか。A～Dからそれぞれ1つずつ選び，記号で答えよ。

春分[　　　]　夏至[　　　]

(2) 地球の公転の向きは，X，Yのどちらか。記号で答えよ。　[　　　　　]

(3) 次の①，②にあてはまる地球の位置を，図1のA～Dから選び，記号で答えよ。

① 昼の長さが1年中で最も長い日

② 夜の長さが1年中で最も長い日　　①[　　　]　②[　　　]

(4) 右の図2は，日本のある地点で，春分・秋分，夏至，冬至の日の太陽の通り道を透明半球上に表したものである。

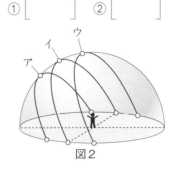

図2

① 図1のA，Bの位置に地球があるときの太陽の通り道はどれか。図2のア～ウからそれぞれ選び，記号で答えよ。　A[　　　]　B[　　　]

② 夏が冬よりも気温が高くなる理由を，図2のような太陽の動きに関連して簡単に説明せよ。

[　　　　　　　　　　　　　　　　　　　　　　]

太陽系と宇宙

〔中学3年〕

このLessonのイントロ♪

夜空を見上げるとそこには月があります。あの月まで人類は行ったんですよね、すごいことです。月は「満月」や「三日月」、「新月」などいろいろな見え方があるのですが、それはなぜでしょうか。

1 太陽系

太陽のまわりを公転しているのは地球だけではありません。数多くの天体が太陽のまわりを回っているのです。それらの天体の集まりを**太陽系**といいます。

> ## ポイント 太陽系
>
> ・**太陽系**…太陽と，そのまわりを公転している惑星，小惑星，すい星，衛星などの天体の集まり。
> ・**恒星**…太陽のように，みずから光りかがやく天体。
> ・**惑星**…地球や金星などのように，太陽のまわりを公転している天体。
> ・**衛星**…惑星のまわりを公転している天体。月は地球の衛星。

天体を分類していくと，おもに**恒星，惑星，衛星**の3つに分けることができます。

恒星は，みずから光りかがやくことのできる天体で，最も身近な恒星は**太陽**です。

惑星は太陽のまわりを公転する天体で，最も身近な惑星は，私たちがすんでいる**地球**です。太陽系には，惑星は地球をふくめ，**8個**あります。

また，おもに岩石でできていて，火星と木星の間で公転している数多くの小さな天体を**小惑星**といいます。氷の粒や小さなちりが集まってできた天体で，太陽のまわりを細長いだ円軌道をえがいて回っている天体は**すい星**で，太陽に近づくと**太陽の反対側に尾を引きます**。小惑星もすい星も太陽系の天体です。

> ## ポイント 太陽系の惑星
>
>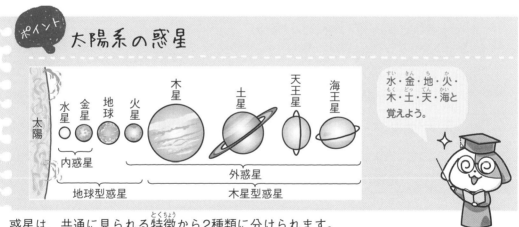
>
> 水・金・地・火・木・土・天・海と覚えよう。

惑星は，共通に見られる特徴から2種類に分けられます。

小型で密度が大きく，表面が岩石でできている惑星を**地球型惑星**といい，水星・金星・地球・火星があてはまります。これに対して，**大型で密度が小さく，ガスなどでできている惑星**を**木星型惑星**といい，木星・土星・天王星・海王星があてはまります。

また，地球との位置関係から，**地球の内側**を公転している**水星・金星**を**内惑星**といい，**地球の外側**を公転している**火星**や**木星**などを**外惑星**といいます。

恒星は宇宙空間に一様に散らばっているのではなく，1つの集まりになっています。宇宙はとても広大で，恒星が数億〜数千億個集まってできた銀河とよばれるものが無数に存在しています。銀河の1つに，私たちがすむ太陽系が属する銀河系があります。

銀河系は，右の図のように，うずまき状をしています。

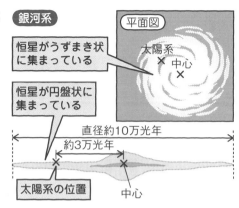

② 太陽

授業動画はこちらから

 太陽

- **太陽の大きさ**…直径は約140万kmで，地球の約109倍。
- **太陽の温度**…表面は約**6000℃**で，中心部は約1600万℃である。
- **表面のようす**…まわりよりも温度が低い（約**4000℃**）ために黒いはん点のように見える**黒点**がある。**プロミネンス（紅炎）**という，表面からふきだす高温のガス状の動きや，**コロナ**とよばれる高温のガスの層がある。
- **太陽の動き**…27〜30日で1回転するように見える。

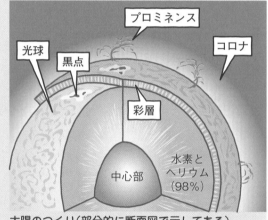

太陽のつくり（部分的に断面図で示してある）

私たちの生活に欠かせない太陽は，球形をしています。地球から**約1億5000万km**のところにあり，光が地球にとどくのに約8分20秒かかります。

太陽をつくる物質のほとんどが水素で，次にヘリウムというように，軽い気体でできています。

太陽を観察していると，黒点の位置がしだいに移動して，27〜30日かけてもとの位置にもどってきます。このことから，**太陽が自転**していることが明らかになったのです。また，**黒点は周辺部にいくほどゆがんで見える**ので，太陽が**球形**をしていることもわかります。

なお，黒点は地球より大きいものもあり，黒点の数が多いほど，太陽の活動が活発であることを示します。太陽の活動が活発なほど，オーロラが多く現れます。

Check 1

◆解説は別冊p.27へ

次の問いに答えなさい。
(1) 太陽の表面温度は約何℃か。　　　　　　　　　　　　　　　　　　　　　（　　　　　）
(2) 太陽の表面にあり，まわりより温度が低いために黒く見える部分を何というか。（　　　　　）

3 月

授業動画は
こちらから ……… 146

146

月は地球のまわりを公転している衛星で，その形は日によって変わって見えます。

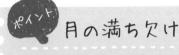

ポイント　月の満ち欠け

・**月の1日の動き**…どの形の月でも東から出て南の空を通り，西に沈む。
① **三日月**：夕方西の低い空に見える。
② **上弦の月**：日の入りのころ南中する。
③ **満月**：真夜中ごろ南中する。
④ **下弦の月**：日の出のころ南中する。

上弦の月（半月）
地球からはこのように見える。
三日月
地球の自転の向き
月
月の公転の向き
夕方
真夜中　正午
満月
明け方　北極
新月
太陽光
下弦の月（半月）

・**月の満ち欠け**…月の形は，新月→三日月→半月（上弦の月）→満月→半月（下弦の月）→新月と変化する。

　月は，みずからは光を出さず，**太陽の光を反射**して光っています。月の表面の半分はつねに太陽の光があたっています。しかし，**月が地球のまわりを公転しているため，太陽・地球・月の位置関係が変わり**，月の光って見える部分が変化し，月が満ち欠けして見えるのです。

　同じ時刻に月を観察すると，日がたつにつれて月の位置は**西から東へ**動いて見え，**満月から次の満月までには約29.5日**かかります。29.5日の間に地球から見た月は1周するので，1日につき約12度移動して見えます。

補足 月は球形で，直径は約3500kmです。地球からの距離は約38万kmです。

　太陽・地球・月の位置関係が変化すると，太陽が月にかくされたり，月が地球の影に入ったりする現象が起こります。

日食と月食

- **日食**…太陽・月・地球がこの順に一直線上に並び，**太陽が月にかくされる**現象。**新月**のときに起こる。

- **月食**…太陽・地球・月がこの順に一直線上に並び，**月が地球の影に入る**現象。**満月**のときに起こる。

太陽が完全にかくされる日食を**皆既日食**，部分的にかくされる日食を**部分日食**といい，月が完全に地球の影に入る月食を**皆既月食**，部分的に地球の影に入る月食を**部分月食**といいます。

4 金星の見え方

授業動画はこちらから

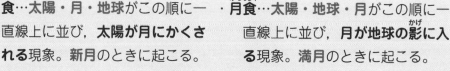

金星もみずからは光を出さず，太陽の光を反射して光っています。このため，月と同じように地球との位置関係によって見える部分が変化します（満ち欠けします）。ただし，金星は内惑星なので見ることができないときがあります。

金星の見え方

- **金星の見え方**…
  太陽から大きく離れず，**真夜中には見えない**。
  ①**明け方，東の空**に見える。
  ②**夕方，西の空**に見える。

- **金星の満ち欠け**…
  金星は満ち欠けし，見かけの大きさも変化する。

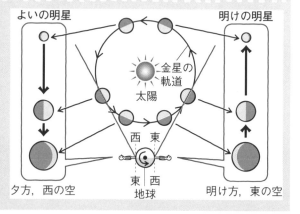

金星は内惑星なので，**真夜中には地平線の下にあり，見ることができません**。明け方，東の空に見える金星を**明けの明星**，夕方，西の空に見える金星を**よいの明星**といいます。

金星が地球に**近いとき**は見かけの大きさも欠け方も大きくなり，地球から**遠いとき**には見かけの大きさも欠け方も小さくなります。

内惑星は，地球の内側を公転しているんだったね。

Lesson 29 の 力だめし

授業動画は
こちらから ···· 148

解説は別冊p.27へ

1 太陽と月，太陽系について，次の問いに答えなさい。

148

(1) 太陽と月について述べた次の文の空らん（ ① ）～（ ④ ）にあてはまる数を，あとのア～キからそれぞれ選び，記号で答えよ。

　　太陽の直径は地球の直径の約（ ① ）倍であり，月の約（ ② ）倍であるが，地球からの距離は太陽のほうが月の約（ ② ）倍と遠いため，地球からはほぼ同じ大きさに見える。太陽の表面温度は約（ ③ ）℃であるが，黒点は約（ ④ ）℃のため黒く見える。

ア．4000　　　イ．6000　　　ウ．10000　　　エ．400　　　オ．200

カ．109　　　キ．50

①［　　］ ②［　　］ ③［　　］ ④［　　］

(2) 地球のように，太陽のまわりを公転している天体を何というか。

［　　　　　］

(3) 月のように，(2)のまわりを公転している天体を何というか。

［　　　　　］

(4) 太陽のまわりには，(2)の天体が何個存在するか。また，そのうち最も大きいのは何という天体か。

個数［　　個］　最大の天体［　　　　　］

(5) 地球のすぐ外側を公転している(2)の天体を何というか。

［　　　　　］

2 右の図は，地球のすぐ内側を公転している惑星Xの，地球と太陽に対する位置関係を表している。これについて，次の問いに答えなさい。

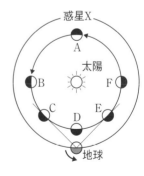

(1) 惑星Xは何という惑星か。

［　　　　　］

(2) 明け方しばらくの間だけ観察できるのは，惑星Xがどの位置にあるときか。図のA～Fから2つ選び，記号で答えよ。　　　［　　］［　　］

(3) よいの明星とよばれる惑星Xが観察できるのは，Xがどの位置にあるときか。図のA～Fから2つ選び，記号で答えよ。　　　　［　　］［　　］

(4) 真夜中に真南に観察できるのは，惑星Xがどの位置にあるときか。図のA～Fから1つ選び，記号で答えよ。ない場合は×を記入せよ。　　　［　　］

Lesson 30 自然と人間

このLessonのイントロ♪

ついに最後のLessonになりました！　よくここまできました。あともうちょっとですよ，がんばりましょうね！

最後に学ぶのは，私たちをとりまく「自然界」についてです。

1 食物連鎖

食物連鎖

　自然界では，さまざまな生物がいろいろな環境の中で生活しています。このとき，生物と環境とを総合的にとらえたものを**生態系**といいます。

　生態系の中では，生物はつねに食べる・食べられるという関係の中にいます。このような，**食べる・食べられるという関係**を**食物連鎖**といいます。

イネ　　　　イナゴ　　　　カエル　　　　ヘビ　　　　タカ

　たとえば，水田では，イナゴがイネを食べ，カエルがイナゴを食べ，さらにヘビがカエルを，タカがヘビを食べるという食物連鎖が見られます。食物連鎖は複雑にからみ合い，食べる・食べられるという関係は網の目のようにつながっていて，これを**食物網**といいます。

ポイント 食物連鎖

・**食物連鎖**…生物どうしの食べる・食べられるという関係によるつながり。

　食物連鎖の出発点は，光合成で栄養分をつくることができる植物で，

　　植物→草食動物→小形の肉食動物→大形の肉食動物とつながっている。

・**食物網**…食物連鎖が網の目のようにつながっていること。
・**生産者**…光合成によって無機物から有機物をつくる**植物**。
・**消費者**…有機物を，食べる**動物**。

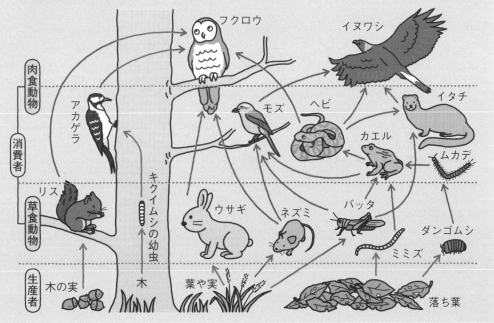

🐾生物の数量関係

　食物連鎖の中で，生物の数は，**食べる生物よりも食べられる生物のほうが多くなります。**数量の関係を図で表すと，**植物を底辺，大形の肉食動物を頂点とするピラミッド形**になります。つり合いが保たれた生態系の中では，この数量関係は一時的な増減はあっても，長い期間で見ればほぼ一定に保たれているのです。

ポイント　生物どうしのつり合い

・ある限られた地域の中で生活する生物の数量関係を図で表すと，**植物を底辺**とし，**大形の肉食動物を頂点**とする**ピラミッド形**になる。

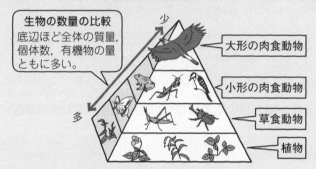

生物の数量の比較
底辺ほど全体の質量，個体数，有機物の量ともに多い。

少 — 大形の肉食動物
小形の肉食動物
草食動物
多 — 植物

・**つり合いを保つしくみ**

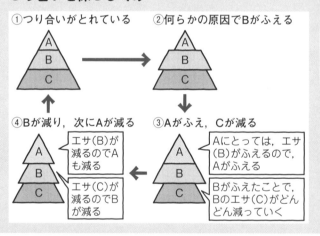

①つり合いがとれている
②何らかの原因でBがふえる
④Bが減り，次にAが減る
　エサ(B)が減るのでAも減る
　エサ(C)が減るのでBが減る
③Aがふえ，Cが減る
　Aにとっては，エサ(B)がふえるので，Aがふえる
　Bがふえたことで，Bのエサ(C)がどんどん減っていく

ある生物がふえると，それを食べる生物はふえ，食べられる生物は減るよ。
逆に，ある生物が減ると，それを食べる生物も減り，食べられる生物はふえるよ。

　このように，自然界の生物は数量の関係を保って生活しています。ところが，自然災害や人間の環境破壊によってつり合いがくずされると，もとにもどるまでにとても長い時間がかかり，最悪の場合は特定の生物が絶滅してしまうこともあるのです。

Check 1

🔖解説は別冊p.28へ

次の問いに答えなさい。
(1) 生物の間の，食べる・食べられるという関係のつながりを何というか。　　（　　　　）
(2) 無機物から有機物をつくり出す植物を，自然界の何というか。　　　　　（　　　　）

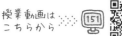

❷ 土の中の生物と物質の循環

陸上や水中だけでなく，土の中にも生物はたくさんいます。土の中にいる小動物や菌類，細菌類は，植物や動物の死がい，動物の排出物などの有機物を無機物に分解しています。

土の中の生物

- **分解者**…落ち葉や枯れ葉，動物の死がいや排出物などの有機物を無機物に分解する生物を，分解者という。
- **分解者に属する生物**…土の中の小動物や菌類・細菌類。
  ①土の中の小動物▶ミミズ，トビムシ，ダニなど。
  ②菌類▶カビやキノコのなかま。
  ③細菌類▶単細胞の生物で，ニュウサンキンやダイチョウキンなど。

生態系の中では，**炭素**や**酸素**は生物のはたらきを通して循環しています。

植物が**光合成**で**二酸化炭素**と水から**有物機をつくり，酸素を放出**しています。植物がつくった**有機物**や酸素は，動物の**呼吸やからだをつくるための材料**に使われ，動物は**生活活動のエネルギー**を得ているのです。

有機物は食物連鎖を通して植物から動物へ移動し，最終的には**菌類や細菌類によって無機物に分解**されます。分解された無機物は，植物にとり入れられ，**再び有機物に合成**されるのです。

このようにして，炭素と酸素は呼吸と光合成を通して出入りし，自然界で循環しているのです。

〈生態系における炭素と酸素の循環〉

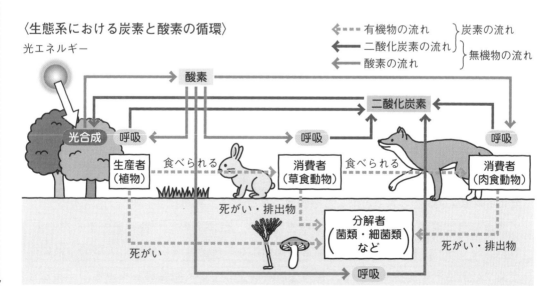

3 自然環境

152

　自然界は多くの生物とそれをとりまく環境によって成り立っています。私たち人間もその中の一員としてかかわりをもって生きていくことが大切です。ここでは，今日起こっている環境問題をまとめます。

地球温暖化

　化石燃料の大量消費や森林の伐採によって大気中の二酸化炭素濃度が増加しています。二酸化炭素は地表から放出する熱を逃がさないはたらきがあるので，**大気をあたためる効果（温室効果）** があり，そのため，地球の**平均気温は上昇**しています。

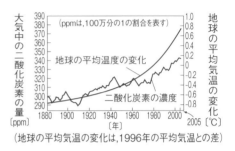

〈ppmは，100万分の1の割合を表す〉

地球の平均温度の変化

二酸化炭素の濃度

大気中の二酸化炭素の量〔ppm〕

地球の平均気温の変化〔℃〕

（地球の平均気温の変化は，1996年の平均気温との差）

オゾン層の破壊

　地球の上空にあるオゾン層は，太陽からの紫外線を吸収するはたらきをしています。ところが，冷却剤などに使われていた**フロン**によって，オゾン層が破壊されていることがわかったのです。特に南極上空では破壊が大きく，その穴はオゾンホールとよばれています。

　オゾンの量が減ったり，オゾンホールができたりすると，地上に達する**紫外線が増加**します。このため，皮膚がんや白内障が増加したり，農作物の収穫が減ったりします。

酸性雨

　工場や自動車から排出される排煙や排気ガスにふくまれる**硫黄酸化物**や**窒素酸化物**は，雨にとけると，酸性の強い雨となって降ります。これを酸性雨といいます。

　酸性雨が降ると，森林が枯れたり，湖沼の酸性化が進んで魚がすめなくなったり，歴史的遺跡や石像などの表面がとけたりするなどの被害が生じます。

　このほか，水中のプランクトンの異常発生によって起こる**赤潮**や**アオコ**などの**水質汚濁**，**光化学スモッグ**などの**大気汚染**なども問題になっています。

　豊かな自然環境を次の世代に引きつぐために，自然界のつり合いをくずさないように，自然環境を守り，自然と共生することが大切になってきます。また，人間の生活に必要な産業や経済活動を維持しながら，自然環境を保全していく社会のしくみをつくることが必要になっているのです。

➡ 解説は別冊p.28へ

1 右の図は，ある陸上での生物のつながりを示したものである。この場所には，以下の生物が見られる。これについて，次の問いに答えなさい。

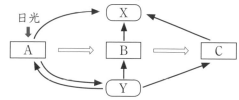

※A⟹Bは，AがBに食べられることを表す。
→ は，物質の移動を表す。

    a. ウサギ   b. フクロウ

    c. リス

    d. クヌギやコナラなどの樹木と下草

(1) 図のXとYは気体を表している。それぞれ何という気体か。名前を答えよ。

                X [　　　　　　　　　] Y [　　　　　　　　　]

(2) A〜Cにあてはまる生物を，上のa〜dからそれぞれ選び，記号で答えよ。あてはまるものが2つ以上ある場合はすべて答えよ。

        A [　　　　　] B [　　　　　] C [　　　　　]

(3) 図には，物質の移動を示す矢印が1本ぬけている。図の中の適切なところに，矢印をかき入れよ。

(4) いま，何らかの理由でBの生物が一時的に減少したとすると，この場所におけるその後の生物のようすはどのようになると考えられるか。次のア〜ウから最も適切なものを1つ選び，記号で答えよ。　　　　　[　　　　　]

    ア．しばらくはAがふえ，Cが減るが，やがてBがふえてほぼもとの状態にもどる。

    イ．しばらくはAが減り，Cがふえるが，やがてBがふえてほぼもとの状態にもどる。

    ウ．AもCもふえる。

(5) 自然界には，図の中のような生物以外にも，生物の死がいや排出物を利用して生活する生物が存在する。このような生物をそのはたらきに着目して何というか。

                                       [　　　　　　　　　　　]

(6) (5)の生物にあてはまるのはどれか。次のア〜エからすべて選び，記号で答えよ。

    ア．カビ   イ．ナットウキン   ウ．バッタ   エ．クモ   [　　　　　]

2 環境問題について，次の[　　　]に適切な語句を入れなさい。

    [　　　　　　　　]の大量消費によって大気中のCO_2濃度が増し，地球の[　　　　　　　]化が進む心配がある。また，フロンにより[　　　　　　　]層の破壊が進むと，地表にとどく紫外線の量がふえる。大気中の硫黄酸化物などがふえると，[　　　　　　　]が降る。

入試問題に挑戦！

➡ 解説は別冊p.29へ

さあ，ついに理科の勉強もクライマックスです！よくここまでがんばりました。最後は，入試問題への挑戦です！自信を持って解いていきましょう。もし解けなかったり，まちがえたりした問題はその内容を勉強したLessonをもう一度復習しましょうね。

1 光と音

図1のように凸レンズと光源を置く。光源から出た光とレンズの右側にできる像について，(1), (2)の問いに答えなさい。ただし，F_1，F_2は，凸レンズの焦点である。

図1

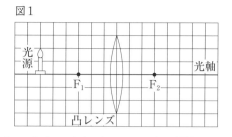

(1) 光源の先端から出た光のうち，光軸（凸レンズの軸）に平行に進む光とレンズの中心に向かって進む光は，レンズを通った後，それぞれどのように進んでいくか。レンズを通った後に進む道すじを，レンズに入る前の道すじに続けて，それぞれ図2にかき入れなさい。

図2

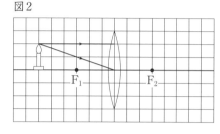

(2) 図1でレンズの右側に，光軸に対して垂直にスクリーンを置いた。このスクリーンを左右に動かしたところ，ある位置でスクリーン上に像ができた。次に光源を図1の位置よりも左側に置いたとき，像ができるときのスクリーンの位置とその時の像の大きさは，図1の位置に光源があるときと比べて，それぞれどうなるか。組み合わせとして最も適当なものを，次のア～エの中から一つ選び，記号を書きなさい。

	像ができるときのスクリーンの位置	像の大きさ
ア	レンズに近くなる	大きくなる
イ	レンズに近くなる	小さくなる
ウ	レンズから遠くなる	大きくなる
エ	レンズから遠くなる	小さくなる

〈佐賀県〉

2 細胞と生命の維持

次の文は，血管の周囲にある細胞に，血液が運んでいる酸素や養分がどのように届けられているかについて述べたものです。文中の（ ① ），（ ② ）にあてはまることばを，それぞれ書きなさい。　①［　　　　　　　］　②［　　　　　　　］

　　血液の液体成分である（ ① ）が，毛細血管からしみ出て（ ② ）となる。この（ ② ）に血液が運んできた酸素と養分がふくまれていて，それぞれの細胞に届けられている。

〈岩手県〉

3 回路，電流の正体と電気エネルギー

LED(発光ダイオード)と豆電球の明るさを比較するため，次の実験を行った。

【実験】

[1]

　図1のような回路A，Bを用意し，LEDと豆電球に3Vの電圧を加えてそれぞれ点灯させたところ，LEDの方が豆電球より明るく点灯した。このときの<u>LEDと豆電球に流れる電流の強さを調べたところ，LEDが20mA，豆電球が270mA</u>であった。

[2]

　LEDに加えている電圧はそのままにして，豆電球に加えている電圧を3Vから1Vずつ上げて，豆電球の明るさをLEDの明るさに近づけていくと，5Vで同じになった。表は，このときの実験結果についてまとめたものである。

図1

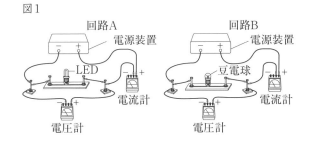

表

電圧 [V]	3	4	5
豆電球の明るさ	LEDより暗い	LEDより少し暗い	LEDと同じ明るさ
電流の強さ [mA]	270	320	360

問1．実験[1]において，LEDに3Vの電圧を加えたときのLEDの抵抗は何Ωか，書きなさい。

[　　　　　]

問2．図2は実験[1]で用いた電流計の一部を示したものである。次の文の①，②の{　　}に当てはまる最も適当なものを，それぞれア〜ウから選びなさい。

図2

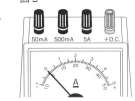

①[　　　]　②[　　　]

　下線部の値を正確に読むためには，回路Aでは図2の
①{ア．50mA　イ．500mA　ウ．5A}の－端子とつなぎ，
回路Bでは図2の②{ア．50mA　イ．500mA　ウ．5A}の－端子とつなぐとよい。

問3. 次の文の ① に当てはまる数値を書きなさい。また，②の {   } に当てはまるものを，ア，イから選びなさい。　　　　　　　　　① [   ]　　② [   ]

　　　電気エネルギーから光エネルギーへの変換効率を，LEDと豆電球で比較するためには，明るさが同じときの消費電力を比較するとよい。実験 [2] において，LEDと豆電球の明るさが同じとき，豆電球の消費電力がLEDの ① 倍となることから，変換効率は，豆電球の方が②{ア．高い　イ．低い} といえる。

問4. 図1のLEDと豆電球を用いて，図3のような回路をつくった。この回路について，次の(1)，(2)に答えなさい。

(1)　回路に3Vの電圧を加えたとき，電流計が示す電流の強さは何mAになるか，書きなさい。　　　　　　[   ]

(2)　次の文の ① に当てはまる数値を書きなさい。また，②の {   } に当てはまるものを，ア，イから選びなさい。

　　　　　　　　　① [   ]　　② [   ]

　　　回路に5Vの電圧を加えたとき，LEDの明るさを，実験 [2] で5Vの電圧を加えたときの豆電球の明るさと同じにするためには，LEDに ① Ωの抵抗を②{ア．直列　イ．並列} につなぐとよい。

図3

〈北海道〉

4 日本の天気

　　次の □ 内の文章は，冬の日本付近の気圧配置や気象について述べたものである。①，②，③に当てはまる語の正しい組み合わせはどれか。　　　　　　[   ]

> 　冬の日本付近では，大陸の方が海洋より温度が（ ① ）ので，大陸上に（ ② ）が発達し，海洋上の（ ③ ）に向かって強い季節風が吹く。

	①	②	③
ア	高い	高気圧	低気圧
イ	高い	低気圧	高気圧
ウ	低い	高気圧	低気圧
エ	低い	低気圧	高気圧

〈栃木県〉

5 化学変化とイオン

電気分解について調べるために，次の実験を行った。

【実験】

図のような電気分解装置と電源装置を用いて，うすい水酸化ナトリウム水溶液に電圧を加え，水の電気分解を行った。

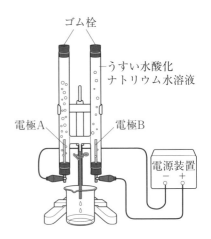

(1) この実験で，うすい水酸化ナトリウム水溶液を用いた理由として適切なものを，次のア〜エから1つ選んで，その符号を書きなさい。 [　　　]

ア．発生した気体が水にとけないようにするため。

イ．水が酸性になるのを防ぐため。

ウ．水にとけている二酸化炭素を吸収するため。

エ．水に電流を通しやすくするため。

(2) 電極Aで発生した気体について説明した文として適切なものを，次のア〜エから1つ選んで，その符号を書きなさい。 [　　　]

ア．火のついた線香を入れると，線香が炎を出して激しく燃える。

イ．色やにおいがなく，空気中に体積の割合で最も多く含まれている。

ウ．マッチの火を近づけると，その気体がポンと音を立てて燃える。

エ．空気よりも密度が大きく，石灰水を白くにごらせる。

〈兵庫県〉

6 生命の連続性

エンドウの種子の形が遺伝によってどのような種子の形で現れるかを調べるため，次の実験を行った。丸い種子をつくる純系のエンドウと，しわのある種子をつくる純系のエンドウとを親として受粉させたところ，子としてできた種子はすべて丸い種子であった。次に，子の丸い種子をまいて育てたエンドウを自家受粉させると，孫として丸い種子としわのある種子の両方ができた。図は，この実験の結果を模式的に表したものである。このことについて，次の(1)〜(3)の問いに答えよ。

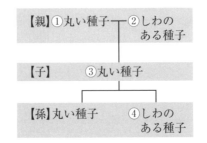

(1)　丸い種子の形質を伝える遺伝子をA，しわのある種子の形質を伝える遺伝子をaとするとき，図中の①の丸い種子の形質をもつエンドウの遺伝子の組み合わせと，図中の②のしわのある種子の形質をもつエンドウの遺伝子の組み合わせとして最も適切なものを，次のア～エから一つ選び，その記号を書け。　　　　　　　　　　　　[　　　　]

　　ア．①－Aa　　②－aa　　　　イ．①－Aa　　②－Aa
　　ウ．①－AA　　②－aa　　　　エ．①－AA　　②－Aa

(2)　図中の③の丸い種子の形質のように，対立形質をもつ純系の親どうしをかけ合わせたとき，子に現れる形質を何というか，書け。　　　　　　　　　　　[　　　　]

(3)　図中の【孫】の種子全体の数は6000個だった。このとき，④のしわのある種子のおよその個数として最も適切なものを，次のア～エから一つ選び，その記号を書け。　[　　　　]
　　ア．1500個　　　　イ．2000個
　　ウ．3000個　　　　エ．4500個

〈高知県〉

7 仕事とエネルギー

　図のように，おもりをのせて質量を3kgにした力学台車を斜面上に置き，ひもと滑車を用いて点Aから点Bまでゆっくりと一定の速さで引き上げた。点Aから点Bまでの距離は5mであり，高さの差は2mである。ただし，質量100gの物体にはたらく重力の大きさを1Nとする。

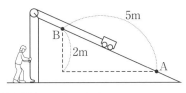

(1)　このとき，人がした仕事は何Jか，求めなさい。　　　　　　　　[　　　　]
(2)　このとき，人がひもを引いた力の大きさは何Nか，求めなさい。　　[　　　　]

〈兵庫県〉

8 太陽系と宇宙

　図は，地球のまわりを公転する月の動きと，地球と月が太陽の光を受けるようすを模式的に表したものである。図のア～エの中から，月食と日食が起こるときの月の位置として，最も適切であると考えられるものを1つずつ選び，記号で答えなさい。

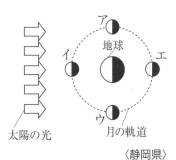

　　　　　　　　月食[　　　　]　日食[　　　　]

〈静岡県〉

Epilogue

［エピローグ］

その後もマモルは
ケッケから激しく
理科を教えてもらい……

数々の実験を重ね
そして……

テスト返却日

おさしな
理科君

は…はい……

満点よ！
よくがんばったわね！！

ただいまーっ！！
ケッケ！！
取った！
取ったよ１００点！！

おめでとうマモル君！！

桃香先生にも
すごくほめられたんだ！

……

ケッケ？

１００点もとれたし
理科の理解も深まった

これからはひとり
で勉強がんばれる
よね？

ケッケ…
それって…

キミの願いは叶った
だから魔法も切れる
元の狛犬にもどるよ

さよならマモル君……
これからも神社から
君のこと見守ってるからね

ケッケ！
ケッケ〜！！！

ふわりーん

次の日になっても
ケッケは帰って来なかった
本当に神社に戻って
しまったんだ

理解が深まったお陰で
桃香先生の授業も
ますます楽しくなったし

先生からよく
話しかけてもらえる
ようになったけど…

次の
実験では班の
リーダーを
お願いね

はい、
任せて
下さい!

ケッケがいないと
何だか調子が出ないな……

頭よくなる神社

本当に石に
もどっちゃったんだ…

一緒にいた頃のケッケ
とは別物みたいだ……

もう、おしゃべりした
りケンカしたりできな
いんだ…

ありがとうケッケ…
教えてもらったこと
ずっと忘れない…

ただいま……

さくいん

ら行

わ行

みんな，勉強
がんばってね！

最後まで使って
くれてありがとう！

苦手な分野は
何度も読んでね！

やさしくまるごと中学理科 改訂版

著者：池末翔太

イラスト：高山わたる，関谷由香理（ミニブック）

ＤＶＤ・ミニブック・計画シート 監修協力：葉一

デザイン：山本光徳

図版作成：有限会社熊アート

データ作成：株式会社四国写研

動画編集：学研編集部（ＤＶＤ），株式会社四国写研（授業動画・ＤＶＤ）

ＤＶＤオーサリング：株式会社メディアスタイリスト　ＤＶＤプレス：東京電化株式会社

企画・編集：宮﨑 純，田中丸由季，石本智子（改訂版）

編集協力

株式会社 小川出版，木村紳一，森一郎，須郷和恵，佐藤玲子，秋下幸恵，渡辺泰葉

やさしくまるごと中学理科 改訂版

別冊

軽くのりづけされていますので、ゆっくりと取りはずしてお使いください。

Gakken

Lesson 1 身近な生物，花のつくり

▼ Check1
（1）接眼レンズ
（2）右上に動かす。

解説
（1）鏡筒内に空気中のホコリなどが入りこむと拡大したとき観察のじゃまになるので，ホコリが入らないように接眼レンズを先に取りつける。
（2）顕微鏡の視野は，実物と上下左右が逆になって見えるものが多い。見たいものが視野の右上にある場合，実際には左下にあるので，視野の中央に移動させるには右上にプレパラートを動かす。

ポイント 顕微鏡のピントを合わせるときは，プレパラートと対物レンズを遠ざけながら合わせることも覚えておきましょう。

▼ Check2
（1）ミカヅキモ
（2）ミドリムシ，ゾウリムシ

解説
（1）緑色をしているのは，植物プランクトンのなかまであるミカヅキモである。植物プランクトンや植物のなかまは葉緑体という緑色のつくりを細胞内にもち，光が当たると二酸化炭素と水から栄養分（デンプン）をつくる，光合成というはたらきを行う。
（2）自分で動ける（移動できる）のは，動物プランクトンであるゾウリムシと，葉緑体をもつが動けるミドリムシである。

▼ Check3
（1）受粉
（2）子房…果実　胚珠…種子
（3）がく

解説
（1）花粉がめしべの先の柱頭につくことを受粉という。
（2）被子植物のなかまでは，めしべのもとの部分がふくらんでいて，内部に胚珠が入っている。このふくらんだ部分を子房という。成長して子房は果実に，胚珠は種子になる。

▼ Lesson 1 の力だめし

1 ①…イ　②…ウ

解説
ルーペで観察するものが動かせないときは，ルーペを目に近づけたまま顔のほうを動かして，よく見える位置を探す。

2 （1）A…接眼レンズ　B…レボルバー
C…対物レンズ　D…ステージ
E…反射鏡
（2）ウ→イ→エ→ア→オ→カ

解説
（1）レボルバーは，対物レンズを取りつけたあとに適切な倍率の対物レンズを選べるように回転できるつくりになっている。
ステージには止め金がついていて，プレパラートを固定させる。
反射鏡は，傾きを変えて視野の明るさを調節するために使う。さらに，ステージの下にしぼりがついていて，明るさを細かく調節できるものもある。
（2）はじめに接眼レンズを取りつけ，次に対物レンズを取りつける。その後，反射鏡で明るさを調節する。
ステージにプレパラートをのせたあと，横から見ながら対物レンズとプレパラートをできるだけ近づけておき，ピントを合わせるときは，接眼レンズをのぞいて対物レンズをプレパラートから離しながらピントを合わせる。

> **3** （1）受粉
> （2）胚珠…種子　子房…果実

解説

（1）めしべの柱頭は，花粉がつきやすいように
ねばねばしている。花粉も植物の種類により，そ
れぞれ受粉しやすいようにいろいろな形やつくり
をもっている。

（2）１つの子房の中に入っている胚珠の数は植
物の種類によりさまざまである。タンポポのよう
に，実の大部分が種子であるようなものもある。

ポイント 受粉と受精を混同しないようにし
ましょう。受精は受粉のあとに起こるもので，
精細胞の核と卵細胞の核が合体することです。
（Lesson23でくわしく扱います。）

> **4** （1）B
> （2）a…胚珠　b…花粉のう

解説

Aは雌花，Bは雄花から取り出したりん片で，雌
花のほうには胚珠（a）が，雄花のほうには花粉
のう（b）がついている。

Lesson 2 植物の分類

▼ Check1

（1）種子植物
（2）むき出しになっている。

解説

（1）花は，種子植物が種子をつくるための器官
である。

▼ Check2

（1）シダ植物
（2）b, d

解説

（1）種子植物とシダ植物には，根，茎，葉の区
別がある。コケ植物には根，茎，葉の区別がなく，
根のように見える仮根は，からだを岩などに固定
する役目をしているだけで，水はからだの表面全
体から吸収する。

（2）シダ植物のなかまには，ワラビ，イヌワラビ，
ゼンマイ，ウラジロ，スギナなどがある。ワラビ
以外は，日当たりのよくないしめった場所を好む。
コケ植物は「～ゴケ」という名前のものが多い。

 **Lesson 2 の力だめし**

> **1** （1）茎…B　根…C
> （2）ウ, エ

解説

（1）単子葉類の茎の断面では，小さくまとまっ
た維管束が全体に散らばって見える。根は茎のつ
け根から広がってのびるひげ根になっている。A
とDは，それぞれ双子葉類の茎と根を表している。
Dで太い根を主根，主根から枝分かれしている細
い根を側根という。

（2）単子葉類のなかまには，イネ，ムギ，トウ
モロコシ，ネギ，ユリ，チューリップ，タケなど
がある。

> **2** （1）ア, ウ, エ, カ
> （2）ア, エ
> （3）被子
> （4）ア, ウ, カ, キ, ク
> （5）ウ, カ
> （6）ア, ク

解説

（1）種子をつくらないのは，ア，エのシダ植物と，
ウ，カのコケ植物である。

（2）シダ植物には根，茎，葉の区別があり，コ
ケ植物にはない。

（4）（5）被子植物は，ウ，カの単子葉類と，ア，キ，
クの双子葉類に分かれる。

（6）双子葉類のアブラナは４枚，エンドウは５
枚の花弁をもち，１枚１枚離れている離弁花をつ

ける。タンポポは5枚の花弁が1つにくっついた合弁花_{ごうべんか}をつける。イネやトウモロコシなどの単子葉類には花弁をもたないものがある。

Lesson 3 動物の分類

▼ Check1

（1）セキツイ動物
（2）恒温動物

解説

（1）背骨（セキツイ）を中心とする骨格，すなわち内骨格をもつ動物である。
（2）恒温_{こうおん}動物は，鳥類とホニュウ類だけ。ハチュウ類，両生類，魚類と無セキツイ動物は，変温動物である。

▼ Check2

（1）横向き
（2）犬歯

解説

（1）目が顔の横の面についているので，後方も広く見える。肉食動物は顔の前面についていて，距離_{きょり}をつかみやすい。
（2）肉食動物の犬歯は鋭く，えものをしとめやすい。臼歯_{きゅうし}は上部がギザギザで，肉を切りさきやすい。

▼ Check3

（1）背骨
（2）骨格，外とう膜

解説

（2）軟体動物のからだには骨格も節もなく，外とう膜という特有の器官で内臓がおおわれている。

▼ Lesson 3 の力だめし

1 （1）変温
（2）胎生
（3）ア…E　イ…A　ウ…B
エ…C　オ…D

解説

（2）卵でうむうみ方は，卵生という。
（3）ネズミはホニュウ類，マグロは魚類，カエルは両生類，カメはハチュウ類，ハトは鳥類である。図のAが魚類，Bが両生類，Cがハチュウ類，Dが鳥類，Eがホニュウ類。

> **ポイント** 陸上に卵をうむハチュウ類と鳥類の卵がかたいからで包まれているのは，乾燥_{かんそう}から守るためです。

2 （1）イ，ウ
（2）ア，エ
（3）草食動物…広い範囲が見える。
肉食動物…距離をつかみやすい。

解説

（1）臼歯の上部が平らになっていると，草などをすりつぶしやすい。
（2）トラは草食動物をとらえて食べる。ネコやイタチはネズミや鳥などの小動物をとらえて食べる。

Lesson 4 物質の性質

♥ Check1

（1）水上置換法

（2）オキシドール（うすい過酸化水素水）

（3）石灰水に通して白くにごることを確かめる。

解説

（1）水にとけにくい気体は，すべて水上置換法で集める。水上置換法は，ほぼ純粋な気体を集められる，気体が集まったようすがひと目でわかるなどの利点がある。

（2）オキシドール（うすい過酸化水素水）を二酸化マンガンに注ぐと，過酸化水素水にとけている過酸化水素が分解して酸素を発生する。二酸化マンガン自身は変化しないので，酸素の発生が止まったら，過酸化水素水だけを加えればよい。

（3）二酸化炭素を石灰水に通すと，炭酸カルシウムの沈殿ができるので，溶液が白くにごる。

♥ Lesson 4 の力だめし

1 （1）ア，オ，キ
（2）ア，ウ

解説

（2）金属の性質は，金属光沢がある，電気を通しやすい，熱を伝えやすい，たたくとうすく広がる，のばすと細く線状になってのびるなどがあり，すべての金属について共通である。

2 （1）水素…ウ，エ　酸素…イ，オ
二酸化炭素…ア，エ
（2）ア
（3）イ
（4）イ

解説

（1）水素は，アルミニウム，鉄，亜鉛，マグネシウムなどの金属に塩酸を加えて発生させる。ア

ルミニウムに水酸化ナトリウム水溶液を加えてもよい。酸素は，二酸化マンガンにうすい過酸化水素水を加えて発生させる。二酸化炭素は，石灰石や大理石，卵のからなどにうすい塩酸を加えて発生させる。

（2）酸素は水にとけにくいので，水上置換法で集める。水素も同様。

（3）二酸化炭素は水に少しとけ，空気より重いので，下方置換法で集める。ただし，水にとける量は少ないので，水上置換法で集める場合もある。空気より重い気体は，イのような上方置換法では集められない。

（4）水素，酸素，二酸化炭素はすべて，においのない無色の気体である。ア，エは水素だけ，オは二酸化炭素だけにあてはまり，ウはどれにもあてはまらない（二酸化炭素はとけやすいとはいえない）。

Lesson 5 水溶液

▼ Check1
（1）90 g
（2）25 g

解説

（1）物質は消えてなくなることはないので，溶液（えき）の質量は，溶質（ようしつ）の質量と溶媒（ようばい）の質量の和に等しい。10＋80＝90（g）

（2）質量パーセント濃度（のうど）（％）＝溶質の質量÷溶液の質量×100の式を変形して，

溶質の質量＝溶液の質量×質量パーセント濃度÷100（g）より，

$\dfrac{250 \times 10}{100} = 25$（g）と求められる。

▼ Check2
（1）蒸留
（2）エタノール

解説

（1）液体と液体，または固体がとけた液体を，沸点（ふってん）の違い（ちが）を利用して，加熱することにより分離（ぶんり）する操作を，蒸留（じょうりゅう）という。

（2）水の沸点は100℃であるが，エタノールの沸点は78℃なので，水とエタノールの混合物を加熱すると，はじめに沸点の低いエタノールがおもに出てくる。ただし，水とエタノールを完全に分けることはむずかしい。

ポイント はじめに出てくる液体にエタノールが多くふくまれていることは，その液体にマッチの火を近づけると燃えることで確かめられます。

▼ Lesson 5 の力だめし

1 （1）ア　　（2）ウ

解説

（1）コーヒーシュガーをとかした水溶液のように，色がついている場合がある。ただし，透明（とうめい）であることは，水溶液であるための条件である。

（2）物質がとけていくと，最終的に水の中に物質の粒（つぶ）が均一に散らばった状態になる。この状態が水溶液で，濃度は時間がたっても均一のままである。

2 （1）溶解度
（2）飽和水溶液（ほうわ）
（3）再結晶
（4）20％

解説

（2）それ以上とけない状態を，飽和状態（ほうわ）という。

（3）高い温度で物質をできるだけとかしておき，温度を下げて，とけていた物質を結晶（けっしょう）としてとり出す操作を，再結晶（さいけっしょう）という。また，水溶液を加熱して水分を蒸発させ，とけていた物質をとり出す操作も再結晶という。

（4）溶質の食塩の質量は25g，食塩水の質量は125 gとなるので，質量パーセント濃度は，25÷125×100＝20（％）である。

3 （1）状態変化
（2）①変わる　②変わらない
（3）融点
（4）①ア　②イ

解説

（2）物質は消えてなくなることはないので，状態変化しても質量は変わらない。ただし，体積は状態および温度によって変化し，一般（いっぱん）に固体，液体，気体と変化するにしたがい増加する。ただし，水は例外で，液体のとき最も体積が小さい。

（3）液体から沸騰して気体に変化するときの温度は，沸点という。

（4）純粋（じゅんすい）な物質では，状態変化するときの温度が一定となる。混合物では，水とエタノールの混合液の場合のように，少しずつ温度が上がっていく。

Lesson 6 光と音

▼ Check1

(1) 直進

(2) 入射

解説

(1) 光は, 均一な同じ物質中はまっすぐに進む（直進する）。光が物体に当たると影ができるのは, 光が直進することによる。

(2) 光の入射点で鏡の面に垂直に立てた直線を考え, この直線と入射光や反射光のなす角度を, それぞれ入射角, 反射角という。入射角と反射角は等しいという法則（反射の法則）がある。

ポイント 右の図で, 入射角を a, 反射角を b としないように注意しよう。

▼ Check2

(1) 屈折

(2) 全反射

解説

(1) 空気中から水中へ, または空気中からガラスの中へ光が境界面にななめに進むとき, その境界面で道すじが折れ曲がる現象を屈折という。屈折は, 同じ物質中でも密度が異なっていると起こる。

(2) 光の道すじは, 光が逆向きに進む場合も同じ道すじを通る。たとえば, 空気中からガラスの中へ光が屈折して進んだ場合, 逆にガラスの中からその道すじで光が進むと, 屈折して空気中へ出るとき, もとの道すじと同じ道すじを通る。

空気中からガラスの中へ光が屈折するときは, 入射角のほうが屈折角よりも大きいので, ガラスの中から空気中へ光が進むときは, 入射角よりも屈折角のほうが大きくなる。そのため入射角がある値 $x°$ になると, 屈折角が90°になり, 入射角が $x°$

よりも大きくなると, 光が空気中に出ていかず, すべて境界面で反射するようになる。この現象を全反射という。

ポイント 全反射も反射の1つなので, 入射角と反射角は等しくなっています。

▼ Check3

(1) 実物より小さい。

(2) 倒立

解説

(1) 物体がレンズから離れるほど, 像は焦点の近くにできて, 実物よりも小さくなる。

(2) レンズを通過した光が実際に集まってできる像で, 実像という。実像は物体と上下左右が逆になる。

ポイント 物体が焦点距離の2倍の位置にあるとき, 実像も焦点距離の2倍の位置にできます。このとき, 物体と像の大きさは等しくなります。

▼ Check4

(1) 音源

(2) b

解説

(2) 音の大きさは, 音の波の振幅によって決まる。振幅が大きいほど, 音の大きさも大きくなる。
音の高さは振動数で決まり, 振動数が多いほど音は高くなる。

▼ Lesson6 の力だめし

1 (1) 30°

(2) 30°

(3) 入射角…b　屈折角…d

(4) イ

(5) 全反射

解説

（1）入射角＝反射角なので，30°になる。

（2）bの入射角が60°であればcの反射角も60°となるので，dは，90−60＝30（°）となる。

（3）ガラス中から空気中へ光が進むときは，図2のdを入射角，bを屈折角という。

（4）ガラスや水の中から空気との境界面に光が進むとき，全反射が起こる。

---

2 （1）下図

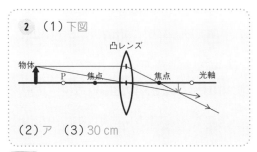

（2）ア （3）30 cm

解説

（1）光軸に平行な直線と，凸レンズの中心を通る直線を使って作図する。物体の頭から出て光軸に平行に進む光の線は，凸レンズを通過後焦点を通る。凸レンズの中心を通る光の線はそのまま直進する。2本の光の線の交点が，物体の像の頭の位置である。

（2）物体をP点と焦点の間に置くと，像は反対側にある焦点距離が2倍の点よりも遠いところにできる。このため，像の大きさは物体よりも大きくなる。物体から出た光が集まってできる像なので，実像である。

（3）焦点距離の2倍の位置に物体を置いた場合，焦点距離の2倍の位置に実像ができる。

---

3 （1）イ （2）エ （3）ウ，エ

解説

（1）音の高さは振動数で決まり，振動数が多いほど音は高くなる。オシロスコープに表示された音の波形では，波の数が多いほど振動数が多いことを示している。

（2）音の大きさは振幅で決まり，振幅が大きいほど音は大きくなる。振幅が最も大きいのはエの波である。

（3）オシロスコープの画面の中に表示された波の数が，同じ2.5個であるウとエが同じ高さの音である。

Lesson 7 力

▼Check1

（1）N（ニュートン）

（2）作用点（力のはたらく点）

（3）4倍

解説

（2）力のはたらきは，作用点（力のはたらく点），力の向き，力の大きさの3つの要素で決まる。この3つの要素を力の3要素という。

（3）力の大きさは，力を表す矢印の長さで表す。力の大きさが4倍になれば，矢印の長さも4倍にする。

▼Check2

（1）3N

（2）20 cm

解説

（1）100 gの物体にはたらく重力の大きさが1Nなので，300 gの物体にはたらく重力は3Nである。

（2）ばねののびは，ばねに加える力の大きさに比例する。これをフックの法則という。1Nの力で4cmのびるばねは，5倍の5Nの力を加えると，のびも5倍になり，4×5＝20（cm）のびる。

♥ Check3

（1）等しい（同じ）。
（2）抗力（垂直抗力）

解説

（1）つり合う力は必ず同じ物体にはたらいていて，作用線は一直線上にあり，向きは逆で大きさは等しい。

♥ Lesson 7 の力だめし

1　（1）2N
（2）右図

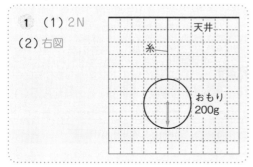

解説

（1）重力の大きさは，質量に比例するので，質量200gのおもりには，質量100gの物体にはたらく重力の大きさ1Nの，2倍の大きさの重力（2N）がはたらく。

（2）方眼の1目もりが1Nなので，2Nの力を表す矢印の長さは，2目もりとなる。おもりにはたらく重力は，重心に集まってはたらくと考え，重心（中心）を作用点とする。

> **ポイント**　重さも力の一種（地球が物体を引く力）なので，ニュートン（N）という単位を使います。グラム（g）やキログラム（kg）は，質量の単位なので注意しましょう。

2
（1）0.5N
（2）12.0cm

解説

（1）質量100gのおもりをつるしたとき，すなわち，ばねを1.0Nの力で引いたときののびは2.0cmとなっている。力の大きさとばねののびは比例するので，1.0cmのばすのに必要な力は，1.0÷2.0＝0.5（N）である。

（2）質量100gのおもりで，2.0cmのびるので，

$$2.0 \times \frac{600}{100} = 12.0 \text{（cm）}$$

別の解き方をすると，質量600gのおもりにはたらく重力すなわちおもりの重さは，$1.0 \times \frac{600}{100}$
＝6.0（N）である。0.5Nの力（重さ）で1.0cmのびるので，6.0Nの力で引いたときのばねののびは，

$$1.0 \times \frac{6.0}{0.5} = 12.0 \text{（cm）となる。}$$

3　ア，イ

解説

アの抗力（垂直抗力）とイの重力は，どちらも物体にはたらく力であり，力の大きさが同じで一直線上にあり，向きが逆である。

火山と地震

▼Check1
（1）マグマ
（2）水蒸気

解説

（1）マグマの成分である二酸化ケイ素という物質は，マグマのねばりけやマグマからできる岩石や火山灰の色と深い関係がある。二酸化ケイ素の割合が高いと，ねばりけの強いマグマとなり，岩石や火山灰は白っぽくなる。割合が低いとねばりけの弱いマグマとなり，岩石や火山灰は黒っぽくなる。

（2）火山ガスの90％以上は水蒸気であるが，そのほか，二酸化炭素や硫化水素などもふくまれる。硫化水素などの毒性の強い成分によって被害が出ることがある。

▼Check2
（1）火成岩
（2）火山岩

解説

（1）マグマが冷えて固まってできた岩石は，火成岩とよばれる。マグマの冷える速さのちがいによって，結晶のでき方が異なるため，火山岩と深成岩という2種類の火成岩がある。

（2）地下の浅いところではマグマが急に冷えるので，結晶があまり成長せず，細かい粒でできた部分（石基）の中に，ところどころ結晶（斑晶）が見られるつくり，すなわち斑状組織をもった岩石となる。このような火成岩を火山岩という。火山岩には，白っぽい流紋岩，灰色の安山岩，黒っぽい玄武岩の3種類がある。

▼Check3
（1）初期微動
（2）震度

解説

（1）地震のゆれを伝える波には，速さの速いP波と遅いS波という2種類があり，地震発生と同時にこの2つの波が四方八方に伝わっていく。先にとどくP波によるゆれは小さく，このゆれを初期微動という。S波によるゆれは大きく，このゆれを主要動という。P波がとどいてからS波がとどくまでの時間，すなわち初期微動が続く時間を初期微動継続時間という。

（2）地震のゆれの程度を，0〜7の10段階で表した値（5と6には強弱の2つがある）を，震度という。同じ1つの地震についても，震源からの距離や地盤の強さの違いによって，震度は場所によりいろいろな値となる。マグニチュードは，地震の規模そのものを示す数値で，1つの地震に対して1つの値をとる。

ポイント 震度は震源から遠いほど小さい値となるので，各地の震度の散らばり方を参考にすると，震央の位置が推定できます。

どの鉱物の結晶も大きく成長する。

（3）花こう岩をつくるおもな鉱物は，セキエイ，チョウ石，クロウンモの3種類である。チョウ石とクロウンモは決まった方向に割れる性質（へき開）をもつ。セキエイにはこのような性質はない。

Check4
（1）プレート
（2）4つ

解説

（1）地球の全表面は，十数枚のプレートでおおわれていると考えられている。プレートの動きは地震だけでなく，長い年月の間に地球上の大陸のようすや地形などの変化の原因となる。

（2）ユーラシアプレートと北アメリカプレートという大陸プレートと，フィリピン海プレートと太平洋プレートという海洋プレートがぶつかり合っている。

Lesson 8 の力だめし

1
（1）マグマ
（2）溶岩
（3）ア

解説

（1）（2）高温でどろどろにとけた岩石が，地下にあるものはマグマ，地表に流れ出てきたものは溶岩（ようがん）という。

（3）マグマのねばりけが強いと，火口がドーム状にもり上がった形の火山になる。雲仙普賢岳（うんぜんふげんだけ）などが有名である。イはマグマのねばりけが最も弱い場合の火山の形である。

2
（1）A…等粒状　B…斑状
（2）A
（3）a…セキエイ　b…チョウ石
c…クロウンモ
（4）d…石基　e…斑晶

解説

（1）（4）Aのように，各結晶が十分大きく成長してたがいにかみ合ったつくりを，等粒状組織（とうりゅうじょうそしき）という。Bのように，結晶に成長できなかった小さな結晶やガラス質の部分（石基）の中に，ところどころ大きな結晶（斑晶）が見られるつくりは，斑状組織と呼ばれる。

（2）地下の深いところではゆっくり冷えるので，

3
（1）初期微動…P波　主要動…S波
（2）①（順に）震度，マグニチュード
②初期微動継続
③（順に）プレート，地震

解説

（2）①震度は，0，1，2，3，4，5弱，5強，6弱，6強，7の10段階に分けられている。マグニチュードは，いろいろな場所に設置されている地震計の記録波形をもとに計算式によって求められる値である。

②震源から遠く離（はな）れるにしたがって，P波とS波がそれぞれとどく時刻の差，つまり初期微動継続時間が長くなる。

ポイント 初期微動継続時間は，震源からの距離（きょり）にほぼ比例することも覚えておきましょう。

③プレートは1年間に数cmという速さで移動していて，ひずみがたまるまでの年数が，地震の起こる周期と深い関係にある。

Lesson 9 地層

▼ Check1
(1) 風化
(2) 凝灰岩

解説
(1) 砂や泥は，長い年月の間に岩石がこわれて小さな粒になることでつくられる。かたい岩石が，水や温度変化などによって徐々にこわれ，くずれていく変化を風化という。
(2) 火山の噴火で出される粒のうち，直径が2mm以下のものを火山灰という。降り積もった火山灰などの火山噴出物が押し固められてできた堆積岩を，凝灰岩という。

ポイント 堆積岩のうち石灰岩は塩酸をかけるとあわを出してとけますが，チャートは塩酸にはとけず，あわも出ません。

▼ Check2
(1) 示準化石
(2) 示相化石
(3) 浅い海

解説
(1) 示準化石として適しているのは，栄えた時期が短く，広い地域にすんでいた生物の化石である。
(2) 示相化石として適しているのは，すんでいる環境が決まっていて，その環境条件がよくわかっている生物の化石である。
(3) アサリやハマグリは，浅い海にすむ貝のなかまである。

▼ Lesson9 の力だめし

1 (1) 侵食，運搬，堆積（順不同）
(2) 堆積岩
(3) 凝灰岩

解説
(1) 流水の3つのはたらきは，川の3作用とよばれる。川の上流や中流では，侵食作用や運搬作用がさかんであり，下流や河口の流れがゆるやかなところでは堆積作用がさかんである。
(2) 土砂が水に沈む速さは，粒の大きさによって異なり，小さい粒ほど沈む速さが遅い。このため，海底に土砂が堆積するときには，粒の大きさにより分かれて堆積する。
(3) 凝灰岩の場合は，川の水によって運ばれた土砂が堆積してできるのではなく，火山の噴火で降り積もった火山灰などの火山噴出物が固まってできる。

2 (1) イ
(2) イ，エ
(3) ア

解説
(1) サンゴは浅くて暖かい海にすむ生物である。
(2) 古生代は，約5億4200万年前～2億5100万年前の時代である。マンモスとビカリアは新生代（約6600万年前～）の示準化石である。
(3) 恐竜と同じ中生代（約2億5100万年前～6600万年前）に栄えた生物を選ぶ。アンモナイトも中生代の示準化石である。

ポイント 示準化石は，古生代2つ（サンヨウチュウ，フズリナ），中生代2つ（恐竜，アンモナイト），新生代2つ（ビカリア，ナウマンゾウ）を覚えましょう。

3 (1) ①断層 ②ア
(2) ウ
(3) ①柱状図 ②かぎ層

解説
(1) ①地層が切れてずれているので，断層である。②図の断層は正断層であるから，横方向に引っぱる力がはたらいてできたものである。
(2) 河岸段丘は，土地が隆起することによって侵食作用がさかんになり，川の高さが低くなって，

11

もとの川底が川岸となって残るという地形変化がくり返され，流域が階段状の地形となったものである。海岸段丘も同じく土地の隆起によってできる。

（3）①ボーリング調査の試料は，柱状図に表されることが多い。

②かぎ層といい，火山灰の層や特徴のある化石をふくむ層がよく利用される。

Lesson 10 化学変化と原子・分子

▼ Check1
（1）水素…H　酸素…O
（2）水素…H_2　酸素…O_2

解説
（1）水素はH，酸素はOで表される。いずれも，水素や酸素の英語名の頭文字をとったものである。
（2）気体の水素や酸素は，同じ原子が2個結びついて分子をつくっている。

▼ Lesson 10 の力だめし

1　（1）① H_2O　② CO_2
③炭酸ナトリウム
（2）Ag，O_2（順不同）
（3）①陽極…O_2　陰極…H_2
②電流を流しやすくするため。

解説
（1）①炭酸水素ナトリウムが分解して生じた水が，試験管の口についた。
②石灰水に通すと石灰水が白くにごるのは，二酸化炭素を確かめるときの反応であり，二酸化炭素だけがもつ性質である。
（2）酸化銀を加熱すると，銀と酸素に分解する。銀は金属であり，分子をつくらず銀原子が規則正しく並んでいるので，元素記号だけで表す。
（3）①水の電気分解では，陰極に水素，陽極に酸素が発生する。

 ポイント 『酸素はからだにプラス』と覚えておきましょう。

②純粋な水は電流を流しにくいので，少量の水酸化ナトリウムを水にとかして実験する。このとき，とかした物質が分解して出てくるもの（塩化銅や塩化水素など）は水の電気分解には使えない。

2　（1）①H　②O　③C　④Cl
⑤N　⑥Cu　⑦Fe　⑧S
（2）ア，エ，オ，キ
（3）ウ，エ，オ

解説
（1）①〜④の記号は覚えておきたい。
（2）水素や酸素，塩素，塩化水素，二酸化炭素，窒素などの気体は，一般に分子をつくる。塩化ナトリウムや金属，金属の酸化物（酸素と結びついた物質）などは分子をつくらない。
（3）空気は窒素と酸素などの混合物，食塩水は塩化ナトリウム（食塩）と水の混合物である。

Lesson 11 化学変化の利用

▼ Check1
（1）酸化銅，CuO
（2）二酸化炭素

解説
（1）銅が酸化されると，銅と酸素の化合物，すなわち銅の酸化物である酸化銅CuOができる。銅原子は酸素原子と1：1の個数の比で結びつく。
（2）炭素が酸化銅から酸素をうばい，自身は酸素と化合して二酸化炭素になる。

ポイント 酸素をうばう物質は，自身が酸化物になっていることに注意しましょう。つまり，還元と酸化は対になって起こる化学変化です。

▼ Lesson 11 の力だめし

1 （1）①Fe ＋ S ⟶ FeS
②磁石につくかどうか調べる。
（2）2H₂ ＋ O₂ ⟶ 2H₂O
（3）2Cu ＋ O₂ ⟶ 2CuO

解説

（1）①鉄，硫黄，硫化鉄の化学式はそれぞれ，Fe，S，FeSなので，矢印の左側にFeとSを，右側にFeSを書いて，Fe，Sそれぞれの原子の数を両側でそろえる。この場合，係数はすべて１となるので書かなくてよい。
（2）水素と酸素はそれぞれ分子をつくっていることに注意する。
（3）酸化銅はCuOで表される。金属の銅はCu，気体の酸素はO₂で表される。

2 （1）白くにごる。
（2）酸化された物質…炭素
還元された物質…酸化銅
（3）2CuO ＋ C ⟶ 2Cu ＋ CO₂

解説

（1）炭素が二酸化炭素に変化して出てくるので，石灰水が白くにごる。
（2）酸化された物質は，酸素と化合した物質であるから，この化学変化では炭素である。還元された物質は酸素をうばわれた物質であるから，この化学変化では酸化銅である。
（3）酸化銅と炭素から，銅と二酸化炭素が生じる。化学反応式の左右で各原子の数が等しくなるようにする。

3 （1）2.5 g
（2）6.0 g

解説

（1）銅と酸素は質量の比が４：１で化合するので，銅と生じる酸化銅の質量の比は，
４：（４＋１）＝４：５となる。2.0 gの銅からx gの酸化銅が生じるとすると，４：５＝2.0：xより，x＝2.5（g）である。
（2）反応するマグネシウムの質量と生じる酸化マグネシウムの質量の比は３：（３＋２）＝３：５であるから，y gのマグネシウムから10.0 gの酸化マグネシウムが生じるとすると，
y：10.0＝３：５より，y＝6.0（g）である。

Lesson 12 細胞と生命の維持

▼ Check1

（1）核，細胞膜
（2）単細胞生物

解説

（1）動物細胞にはなく植物細胞だけにあるのは，葉緑体，細胞壁，液胞である。
（2）「単」は「１つ」という意味である。

▼ Check2

（1）消化液
（2）ブドウ糖
（3）柔毛

解説

（1）消化酵素をふくみ，消化のはたらきをする液を，消化液という。ただし，胆汁は消化酵素をふくまない。
（2）デンプンはブドウ糖，タンパク質はアミノ酸，脂肪は脂肪酸とモノグリセリドになって吸収される。
（3）柔毛といい，小腸の内壁の表面積を大きくすることになるので，消化と栄養分の吸収を効率よく行うことができる。

Check3

（1）赤血球

（2）動脈

（3）動脈血

解説

（1）赤血球の中にふくまれるヘモグロビンという赤色の色素が，酸素と結合して酸素を運ぶ。酸素が少ないからだの組織では酸素をはなす。

（2）心臓から送り出される血液が流れる血管を動脈といい，血液が心臓から強く押し出されるため拍動（はくどう）が伝わって，脈を打つ。また，高い血圧に耐（た）えられるよう，血管の壁（かべ）が厚くじょうぶになっている。

（3）酸素を多くふくんだ血液は鮮（あざ）やかな赤色をしていて，二酸化炭素を多くふくんだ血液は暗い赤色をしている。

Check4

（1）尿素

（2）じん臓

解説

（1）タンパク質が分解されてできるアンモニアは有毒であり，肝臓（かんぞう）で尿素（にょうそ）に変えられる。尿素は比較的（ひかくてき）毒性が少ない。

（2）血液中の尿素はじん臓で血液中からこしとられ，尿中に排出（はいしゅつ）される。

ポイント じん臓へ入ってくる血液には，尿素が多くふくまれています。

Lesson12 の力だめし

1 （1）A…細胞壁　B…葉緑体

C…液胞　D…細胞膜

E…核

（2）A，B，C

解説

（1）細胞壁の内側に，うすい細胞膜がある。

（2）植物の細胞には，光合成を行うつくりである葉緑体がふくまれる。

2 （1）（消化液，はたらく栄養分の順に）

①胃液，タンパク質

②だ液，デンプン

③すい液，タンパク質・デンプン・脂肪

（2）①柔毛

②表面積が大きくなるため，栄養分の吸収が効率よく行える。

解説

（1）だ液はアミラーゼをふくみ，デンプンを消化する。胃液はペプシンをふくみ，タンパク質を消化する。すい液はデンプン，タンパク質，脂肪を消化する消化酵素をふくむ。

（2）②表面の出入り（デコボコ）が多いほど，表面積は大きくなる。表面積が大きいほど吸収を行いやすい。

ポイント 小腸の内壁はひだになっていて，さらにその表面に柔毛があるため，表面積はテニスコート1面分になるといわれます。

3 （1）a，b

（2）c，d

（3）f

解説

（1）全身から心臓へもどる血液と，心臓から肺へ向かう血液が流れる血管を選ぶ。

（2）肺から心臓へもどる血液と，心臓から全身へ向かう血液が流れる血管を選ぶ。

（3）小腸で吸収した栄養分を肝臓へ送る血管（門脈）を選ぶ。

Lesson 13 刺激と反応

▼ Check1
(1) 感覚器官
(2) 虹彩

解説

(1) 感覚器官が受けとった刺激は，感覚神経を伝わって脳に送られる。
(2) 虹彩（こうさい）の中央部分がひとみである。

▼ Check2
(1) 中枢神経
(2) 反射

解説

(1) 感覚の種類によって，その中枢（ちゅうすう）となる部分はそれぞれ脳の決まった場所にある。
(2) 反射（はんしゃ）は，「無意識」に起こる反応である。

> **ポイント** 反射では感覚神経を伝わってきた刺激の信号が，せきずいで運動神経に伝わると同時に，脳へも送られます。

▼ Lesson 13 の力だめし

1 (1) A…水晶体（レンズ）　B…網膜
C…ひとみ　D…虹彩
(2) 水晶体に入る光の量を調節する。

解説

(1) 網膜（もうまく）上にピントの合った像を結ばせるには，水晶体（すいしょうたい）の厚さを変化させる。近いものを見るときは，水晶体が厚くなる。
(2) 暗いところでは虹彩が縮んでひとみが大きくなり，水晶体に入る光の量を増やす。

2 (1) ア，イ
(2) イ→ア→エ→ウ
(3) 中枢
(4) 末しょう
(5) ①ア　②ウ

解説

(1) すい臓は消化器官，肺は呼吸器官である。
(2) 空気の振動が鼓膜（こまく）に伝わり，その振動が次々と伝わって，うずまき管の中で信号に変わり，神経を通って脳へ送られる。
(4) 末（まっ）しょう神経は，感覚神経と運動神経からなる。
(5) ①は意識的な反応，②は無意識に起こる反応の反射である。

> **ポイント** ①は，「信号が青」→「渡ってもよい」という判断になっているので，意識的な反応です。

3 イ

解説

うでを曲げる（うでが動く）側の筋肉が縮み，反対側の筋肉がのびる。

Lesson 14 植物のつくりとはたらき

▼ Check1

（1）根毛

（2）維管束

解説

（1）根の先の細胞は，その一部がのびて毛のようになっており，それを根毛という。根毛が集まることで表面積が大きくなり，根からの水や養分（肥料分）の吸収を効率的に行っている。

（2）根から吸収した水や養分の通り道である道管と，葉でつくられた栄養分の通り道である師管が束のように集まっている部分を維管束という。茎の維管束のようすは被子植物の単子葉類と双子葉類とでちがっていて，単子葉類では維管束が小さく，茎全体に散らばっているが，双子葉類では維管束が太く，輪状に並んでいる。

> **ポイント** 維管束の中では，道管は内側に，師管は外側に集まっていることを覚えておきましょう。

▼ Check2

（1）葉脈

（2）気孔

解説

（1）葉の維管束を葉脈という。双子葉類の葉脈は網目状に広がっていて網状脈という。単子葉類の葉脈は葉の根元から先までまっすぐな線になっていて平行脈という。

（2）葉の表皮には，水が水蒸気となって出ていくすき間があり，気孔という。気孔を通して，呼吸や光合成での酸素や二酸化炭素も出入りしている。

▼ Check3

（1）光合成

（2）蒸散

解説

（1）光合成は植物だけがもつ葉緑体というつくりの中で行われる。

（2）蒸散は気孔を通して行われ，明るい昼間にはさかんになる。

> **ポイント** 蒸散のはたらきによって，根からの水の吸収を助けること以外に，体温の上がりすぎを防ぐ役目もしています。

▼ Check4

（1）（順に）二酸化炭素，光，デンプン（栄養分）

（2）光合成

解説

呼吸は栄養分を酸素で分解して，水と二酸化炭素に変え，生活に必要なエネルギーを取り出すはたらきである。光合成は明るい昼間だけ行われるが，呼吸は昼も夜もつねに行われている。

> **ポイント** 光合成と呼吸はちょうど逆のはたらきです。
>
> 水 ＋ 二酸化炭素 ⇄（光合成／呼吸）デンプン ＋ 酸素

▼ Lesson 14 の力だめし

1 （1）A…網状脈　B…平行脈
（2）気孔
（3）二酸化炭素，水蒸気，酸素（順不同）
（4）二酸化炭素，酸素（順不同）

解説

（2）三日月形の孔辺細胞（こうへんさいぼう）に囲まれたすき間で，気孔という。
（3）呼吸のはたらきで二酸化炭素，光合成のはたらきで酸素が出ていく。また，蒸散のはたらきで水蒸気が出ていく。
（4）呼吸のはたらきで酸素が，光合成のはたらきで二酸化炭素がとりこまれる。

2 （1）呼吸
（2）①光合成　②二酸化炭素，水（順不同）
③デンプン　④イ→ア→エ→ウ　⑤エ

解説

（1）植物も動物も，地球上のほとんどの生物は酸素をとり入れ，二酸化炭素を放出する呼吸を行っている。
（2）②光合成で利用される物質は，気孔からとり入れる二酸化炭素と，根からとり入れる水の2つである。
③多くの植物では，光合成によってデンプンをつくる。デンプンは，ブドウ糖がたくさんつながってできた物質である。
④はじめに熱い湯につけて葉をやわらかくする。これは次の操作で使うエタノールがしみこみやすいようにするためである。次にエタノールにつけて，葉の緑色を脱色する。これは，あとのヨウ素液による色の変化を見やすくするためである。エタノールにつけると葉がかたくなるので，水洗いしてやわらかくした後，ヨウ素液につけて色の変化を観察する。
⑤ヨウ素液によって青紫色（あおむらさき）に変化するのは，デンプンがつくられた部分である。デンプンがつくられるのは光合成が行われたところであり，光合成には葉緑体と日光が必要であるから，葉の緑色の部分で日光に当たったところを選ぶ。

Lesson 15 回路

▼ Check1
（1）回路　（2）直列回路

解説

（2）枝分かれがなく1本道につなぐつなぎ方を直列（ちょくれつ）つなぎという。道すじが枝分かれしているつなぎ方を並列（へいれつ）つなぎという。

ポイント　電池（電源）の＋極から出て－極にもどるまでに，すべての電球や抵抗を通過すれば直列回路です。

▼ Check2
（1）アンペア（ミリアンペア）　（2）15 V

解説

（1）1 A＝1000 mA の関係がある。
（2）オームの法則より，電源の電圧は，
5（Ω）×3（A）＝15（V）である。

▼ Lesson 15 の力だめし

1 （1）右図
（2）5 Ω
（3）電圧計…1.5 V
電流計…0.6 A

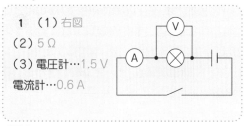

解説

（1）電池，豆電球，電圧計，電流計，スイッチを記号で表す。豆電球に対し電圧計は並列に，電流計は直列につながっていることに注意する。
（2）300 mA＝0.3 A であるから，オームの法則より，1.5（V）÷0.3（A）＝5（Ω）である。
（3）豆電球を並列につないだときは，電源の電圧が2個の豆電球それぞれに1.5 Vずつかかり，それぞれ0.3 Aの電流が流れる。全体では0.6 Aとなる。

（2）イ，ウ

解説

電流計にはかることのできる電流の限度より大きい電流が流れると，電流計がこわれるので，流れている電流の大きさが予想できないときは，はかれる電流の値が最も大きい−端子を使う。電圧計は，電圧をはかろうとする部分に並列につなぐ。電流計は直列につなぐ。

（3）（1）15Ω
（2）A点…0.4 A　B点…0.4 A　C点…0.4 A
（3）AB 間…2 V　BC 間…4 V
（4）1.8 A

解説

（1）（2）直列回路に流れる電流は，どの部分も同じになる。直列回路全体の抵抗は，各抵抗の和に等しいので15Ωとなるから，回路を流れる電流は，6（V）÷15（Ω）＝0.4（A）である。
（3）5Ω，10Ωの各抵抗を流れる電流は0.4Aであるから，それぞれの両端にかかっている電圧は，
5（Ω）×0.4（A）＝2（V），
10（Ω）×0.4（A）＝4（V）となる。
（4）各抵抗には，それぞれを単独で6Vの電源につないだ場合と同じ電流が流れるので，回路全体では，
6（V）÷5（Ω）＋6（V）÷10（Ω）＝1.8（A）
の電流が流れる。

電流の正体と電気エネルギー

▼Check1
（1）交流　（2）周波数

解説

（1）電流の向きが交互に変わる電流を交流という。交流は，電流の大きさも周期的に変化する。
（2）家庭に送られてくる交流の周波数は，発電

所の装置によって決まっている。

▼ Lesson 16 の力だめし

（1）（1）20Ω…0.6 A　30Ω…0.4 A
（2）7.2 W
（3）4320 J
（4）2880 J

解説

（1）20Ωの抵抗には，12（V）÷20（Ω）＝0.6（A），
30Ωの抵抗には，12（V）÷30（Ω）＝0.4（A）
の電流が流れる。
（2）12（V）×0.6（A）＝7.2（W）である。
（3）10分間は600秒であるから，
電力量（J）＝電力（W）×時間（s）より，
7.2×600＝4320（J）である。
（4）電力は，12（V）×0.4（A）＝4.8（W）であるから，4.8（W）×600（s）＝2880（J）である。

（2）（1）電子
（2）①…イ　②…イ　③…イ

解説

（1）導線を流れる電流や静電気が生じるのは，電子の移動による。
（2）①…静電気が生じるのは，異なる物質でできたものどうしをこすり合わせたときである。このとき，＋と−のどちらの電気を帯びるかは，物質の組み合わせによって決まる。
③…静電気は，＋と−の2種類があり，同じ種類どうしは反発し合い，異なる種類どうしは引き合う。

（3）（1）陰極線（電子線）　（2）上

解説

（1）−極（陰極）から出てくる電子という粒子の流れで，陰極線という。
（2）陰極線は−の電気を帯びた電子の流れなので，＋の電極に引かれて近づくように曲がる。このことからも陰極線が−の電気を帯びたものであることがわかる。

Lesson 17 電流と磁界

▼ Check1
(1) 磁力
(2) 磁界
(3) A点

解説
(3) 磁界の中ではたらく磁力の強さを磁界の強さという。磁極に近いところほど磁力が強く，磁界も強い。

▼ Check2
(1) 同心円
(2) 鉄しん（鉄の棒）

解説
(2) コイルのつくる磁界を強くするには，コイルに流れる電流の強さを強くする，コイルの巻き数を多くするなどの方法があるが，コイルに鉄しんを入れると，ほかの方法よりはるかに強くなる。

▼ Lesson 17 の力だめし
1 (1) A…ア　B…イ　C…ア
(2) A
(3) P…イ　Q…ア
(4) イ

解説
(1) 方位磁針のN極が，磁界の向きをさして止まる。磁界の向きは，磁石のN極から出てS極に向かう向きである。
(2) 磁力線が集まっている（密になっている）ところほど磁界が強い。
(3) 図のように電流を流すと，コイルの右端がN極，左端がS極になる。
(4) コイルの内部では，磁界の向きはコイルのS極からN極への向きとなる。

2 (1) d　(2) b　(3) f　(4) h

解説
(1) フレミングの左手の法則によりdとなる。
(2)(4) 磁界の向き，または電流の向きを逆にすると，それぞれ電流が受ける力の向きも逆になる。

Lesson 18 天気の変化

▼ Lesson 18 の力だめし
1 (1) イ
(2) イ
(3)（風力）4

解説
(1) ①は雲量が2〜8のときの天気で，晴れである。
(2) 矢の向きは南西を示しているので，南西から北東へふく南西の風を示す。
(3) 風向を示す棒についた矢羽根の数は，4本であるから，風力4である。

2 (1) A…高　B…低　(2) ウ　(3) P

解説
(1) Aは，Aを囲む等圧線の数値がAに向かってしだいに大きくなっているので，高気圧の中心とわかる。Bは等圧線の数値がしだいに小さくなっている中心なので，低気圧の中心とわかる。
(2) 地球の自転の影響により，北半球では，等圧線に垂直な方向から右にそれた向きに風がふく。
(3) 等圧線の間隔がせまくなっているところほど，風が強くふいている。

3 (1) 前線 A…寒冷前線
前線 B…温暖前線
(2) イ
(3) イ

（1）低気圧の中心から南西の方向に寒冷前線が，南東の方向に温暖前線がのびる。

（2）温暖前線の前方の地域では，乱層雲におおわれて弱い雨がしとしと降っている。

（3）現在は暖気におおわれているが，やがて寒冷前線が通過し，寒気におおわれる。

Lesson 19 日本の天気

▼Check1
（1）北西

（2）小笠原気団

（3）梅雨前線

解説
（1）西高東低の気圧配置になり，大陸の高気圧（シベリア気団）から日本列島に向けて北西の季節風がふく。

（2）日本の南の太平洋上に発達する小笠原気団から，南東の季節風がふき出す。

（3）北のオホーツク海気団と南の小笠原気団とが押し合って，停滞前線ができる。

▼ Lesson 19 の力だめし

1 （1）偏西風

（2）ア

（3）陸風

（4）季節風

解説
（1）偏西風は，日本付近の天気が西から東に移り変わる原因になっている。また，日本にやってくる台風の進路にも影響を与える。

（4）海風や陸風が生じる原因と同じ理由で，大陸と太平洋の間で夏と冬にほぼ一定の向きに季節風がふく。

2 （1）A…シベリア気団

B…オホーツク海気団

C…小笠原気団

D…揚子江（長江）気団

（2）A…イ　B…エ　C…ウ　D…ア

解説
（1）春と秋には，揚子江気団の一部が離れて移動性高気圧となり，日本付近をほぼ西から東に向かって通過する。

（2）海上の気団はしめっていて，陸上の気団は乾燥している。また，北にある気団は冷たく，南にある気団はあたたかい。

ポイント 「〜気団」というときの名前と，「〜高気圧」というときの名前を混同しないように注意しよう。

3 （1）ア…春，秋　イ…冬　ウ…夏

（2）台風

解説
（1）春だけでなく，秋のはじめのころも天気が変わりやすい。変わりやすい天気は移動性高気圧と低気圧が周期的に通過することによる。

（2）日本の南の赤道近くの太平洋上で生じた熱帯低気圧のうち，中心付近の風速が17.2 m/s以上のものを，台風という。

Lesson 20 空気中の水蒸気

▼ Check1
(1)下がる。　(2)上昇気流

解説

(1)気体は，急に膨張する（熱の移動が十分行われないうちに膨張する）と，温度が下がる性質がある。

(2)上昇気流があると，空気は上空で気温が下がり，露点に達すると空気中の水蒸気が凝結して水滴となり雲が生じる。下降気流では気温が上がるため，露点にまで温度が下がることはない。

▼ Lesson 20 の力だめし

1 (1)凝結　(2)露点　(3)飽和水蒸気量

解説

(2)露点では，水蒸気の一部が凝結し始める。

2 (1)10℃　(2)7.9 g
(3)54%　(4)100%

解説

(1)飽和水蒸気量が9.4 g/m³となる温度を表から読み取る。

(2)20℃の飽和水蒸気量は17.3 g/m³なので，あと，17.3－9.4＝7.9（g）　の水蒸気をふくむことができる。

(3)9.4÷17.3×100＝54.3…より，54%である。

(4)露点では，空気中の水蒸気量が飽和水蒸気量に等しいので，湿度は100%となる。

> **ポイント** 湿度を求める式の分母と分子が同じになると，湿度は100%です。

3 (1)線香のけむりを入れる。
(2)白くくもる。
(3)イ

解説

(1)水滴ができるためには，核になる小さな粒が必要である。

(2)(3)気体の体積が急に大きくなる（膨張する）と，気体の温度が下がる。温度が下がって露点以下になると，水蒸気が凝結して水滴ができ，フラスコの内側について白くくもる。

Lesson 21 化学変化とイオン

▼ Lesson 21 の力だめし

1 (1)ウ　(2)イ，ウ

解説

(1)水溶液にしたときに電流を流す物質が電解質である。物質自身が電流を流すものではない。

(2)水にとけてイオンに分かれる物質を選ぶ。

2 (1)HCl ⟶ H⁺ + Cl⁻
(2)P…水素　Q…塩素
(3)2HCl ⟶ H₂ + Cl₂
(4)陽極…ウ　陰極…エ

解説

(1)塩化水素は水素原子と塩素原子が1：1の数の割合で化合した化合物であり，水にとけると，水素イオンと塩化物イオンに電離する。

(2)＋の電気を帯びている水素イオンは陰極に引かれ，電極から電子を受け取って水素原子となり，さらに2個の水素原子が結合して水素分子となって，気体の水素が発生する。－の電気を帯びている塩化物イオンは陽極に引かれ，電子をはなして塩素原子となり，さらに2個の塩素原子が結合して塩素分子となって気体の塩素が発生する。塩素が発生したことは，陽極付近に赤インクを数滴落とすと色が消えることで確かめられる。

21

（3）水素も塩素も2個の原子が結合して分子を
つくっていることに注意する。

（4）陰極には＋の電気を帯びている銅イオンCu^{2+}
が引かれ，電極から電子を2個受け取って銅原子
となる。

> **3** （1）①…電子　②…陽子
> （2）③…陽　④…陰　⑤…Cl^-　⑥…H^+
> （3）⑦…－　⑧…電池　⑨…亜鉛　⑩…銅

解説

（2）失ったり受け取ったりするのは電子だけで
あり，陽子は原子核の中にあって移動しない。ふ
つうの状態では，原子核中の陽子と電子の数は等
しく，全体では電気的に中性である。

（3）異なる種類の金属板を電解質の水溶液にひ
たすと，電池（化学電池）ができる。このとき，
電子を極板に残してとける金属が－極，他方の金
属が＋極となる。極板どうしを導線などでつなぐ
と，－極から＋極に向かって電子が移動し，＋極
から－極に向かって電流が流れることになる。

Lesson 22 酸とアルカリ，中和と塩

> ▼ **Check1**
> （1）水素イオン（H^+）
> （2）$HCl \longrightarrow H^+ + Cl^-$
> （3）OH^-

解説

（1）（3）酸に共通にふくまれ，酸性を示すもと
になるイオンは，水素イオンH^+である。アルカ
リ性の水溶液に共通にふくまれ，アルカリ性を示
すもとになるイオンは，水酸化物イオンOH^-で
ある。

> ▼ **Check2**
> （1）中和　（2）塩

解説

（1）酸の水素イオンとアルカリの水酸化物イオ
ンが結合して水ができる反応は，どんな酸とアル
カリの中和でも共通である。

（2）塩酸と水酸化ナトリウム水溶液の中和の場
合の塩は，塩化ナトリウム（食塩）である。

▼ Lesson 22 の力だめし

> **1** （1）H^+　（2）OH^-
> （3）酸性…黄　アルカリ性…青　中性…緑
> （4）酸性…無　アルカリ性…赤　中性…無
> （5）酸性…イ　アルカリ性…ウ　中性…エ

解説

（4）フェノールフタレイン溶液は，アルカリ性
のときだけ赤色を示し，酸性や中性では無色であ
る。

> **2** （1）$HCl + NaOH \longrightarrow NaCl + H_2O$
> （2）②…酸性　④…アルカリ性
> （3）塩化ナトリウム
> （4）Cl^-

解説

（1）（3）塩酸中の水素イオンと水酸化ナトリウ
ム水溶液中の水酸化物イオンが結びついて水分子
になり，同時に塩化ナトリウム（食塩）という塩
ができる。

（2）②では塩酸が，④では水酸化ナトリウム水
溶液が中和後に残る。

（4）塩酸$10\,cm^3$中にふくまれるH^+とCl^-の個数
をそれぞれn個とすると，$15\,cm^3$の水酸化ナト
リウム水溶液にふくまれるNa^+とOH^-もn個で
ある。

したがって，水酸化ナトリウム水溶液$10\,cm^3$中
にはNa^+とOH^-がそれぞれ$\frac{2}{3}n$個ずつふくまれ，

②ではH^+とOH^-が$\frac{2}{3}n$個ずつ結びついて水にな
るから，②の混合溶液には，Cl^-がn個，Na^+が

$\frac{2}{3}n$個，H^+が$\frac{1}{3}n$個残り，OH^-は存在しない。

Lesson 23 生命の連続性

▼ Check1
（1）細胞分裂
（2）染色体

解説

（2）染色体の数は生物の種類によって決まっていて，同じものが1対（2本）ずつある。体細胞分裂では分裂の前にコピーされてもう1対ずつふえ，それが2つに分かれるので，細胞の染色体の数はつねに一定に保たれる。

▼ Lesson 23 の力だめし

1 （1）8個
（2）①…分裂　②…ふえ　③…大きさ
（3）A → C → D → B → E

解説

（1）2倍ずつにふえていくので，
2×2×2＝8（個）になる。
（2）生物の成長は，細胞の数がふえることと，1つ1つの細胞がもとの大きさにまで大きくなることによる。
（3）まず核の中に染色体が現れ，それが細胞の中央に並び，両側に分かれていく。やがて中央部にしきりができて，2個の細胞に分かれる。

2 （1）無性生殖
（2）ア，ウ
（3）イ

解説

（1）雄・雌（性）によらない生殖なので，無性生殖という。
（2）無性生殖には，分裂（ゾウリムシなど），栄養生殖（ジャガイモなど），出芽（コウボキンなど），さし木（バラなど）などの種類がある。ジャガイモなどは種子をつくって有性生殖も行う。
（3）無性生殖は体細胞分裂によってふえるので，

親と子の遺伝子は完全に同一であり，完全に同じ性質や特徴（形質）をもつ。

ポイント 有性生殖では，両親の形質をそれぞれ受けつぐので，両親とは完全に同一とはなりません。

3 （1）丸　（2）Aa

解説

（1）代々同じ形質だけを現す個体を，純系という。純系の両親の子には，両親の形質のうち顕性の形質だけが現れる。
（2）一方からはAを，他方からはaを受けつぎ，Aaという遺伝子の組み合わせをもつ。

Lesson 24 力と運動

▼ Check1
（1）しだいに速くなる。
（2）等速直線運動

解説

（1）物体の運動の向きに力がはたらき続けると，物体の速さはしだいに速くなる。摩擦力のように運動の向きとは逆向きに力がはたらき続けると，速さはしだいにおそくなる。
（2）力がはたらかない，またはつり合っているときの運動である。

▼ Check2
浮力

解説

浮力は，水中の物体にはたらく上からの水圧と下からの水圧の差によって生まれる力である。

ポイント 水圧は気圧と同じように，水中にある物体のあらゆる面に垂直にはたらきます。物体の底面には下から上向きにはたらくことに注意しましょう。

1 （1）右図
（2）平行な分力
　　…3N
　　垂直な分力
　　…4N
（3）4N

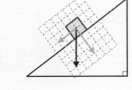

解説
（1）重力が対角線となる，平行四辺形を作図する。
（2）（1）の答えの図より，斜面に平行な分力の大きさは3目もりなので3N，垂直な分力の大きさは4目もりなので4Nとなる。
（3）物体の斜面に垂直な分力と，斜面からの抗力とは，つり合う2力の関係にある。

2 （1）等速直線
（2）1
（3）164cm/s
（4）ア

解説
（1）打点間隔が一定ということは，速さが一定であることを示す。
（2）となり合う打点の間隔が広いのは，同じ時間に進む距離（きょり）が長い，つまり速さが速いことを示している。
（3）5打点の時間は，1÷50×5＝0.1（秒）である。この間に16.4cm進んでいるので，台車の速さは，16.4÷0.1＝164（cm/s）である。
（4）斜面を下るときはしだいに速さが速くなるので，打点間の間隔は台車から離れるほど大きくなる。

Lesson 25 仕事とエネルギー

▽ Check1
（1）位置エネルギー
（2）運動エネルギー

解説
（1）位置エネルギーは，物体の質量と基準面からの高さに比例する。
（2）運動エネルギーは，物体の質量に比例し，速さが速いほど大きい。
（くわしくは，速さの2乗に比例し，速さが2倍，3倍…になると，運動エネルギーは4倍，9倍…となる。）

Lesson 25 の力だめし

1 (1) 0J
(2) 45J
(3) 増加する。
(4) 60J

解説

(1) 荷物の高さが変化していないので，仕事はされていない。
(2) 質量1.5 kgの荷物にはたらく重力は15 Nなので，15 (N) ×3.0 (m) ＝45 (J) である。
(3) 荷物がされた仕事が位置エネルギーとしてたくわえられる。
(4) はじめに荷物がもっていた位置エネルギーは，15 (N) ×4.0 (m) ＝60 (J) で，これがすべて運動エネルギーに移り変わる。

2 (1) 5N
(2) 図1…30J 図2…30J
図3…30J
(3) 1

解説

(1) 動滑車を使っているので，力は物体の重さの半分でよい。10÷2＝5 (N)
(2) 物体を引き上げた高さが同じときは，仕事の原理より，どの場合も仕事の大きさは同じになる。図1で計算すると，
10 (N) × 3 (m) ＝30 (J) となる。
(3) 1秒あたりの仕事の大きさが仕事率である。1秒間に上昇(じょうしょう)する高さが最も高いのは，図1のように定滑車で垂直に持ち上げる場合である。

Lesson 26 科学技術と人間

Lesson 26 の力だめし

1 (1) ①…A (→) B ②…E (→) A
③…A (→) C ④…A (→) F
⑤…E (→) B
(2) エネルギーの保存 (の法則)

解説

(1) ①電流を電熱線などで熱に変えている。
②乾電池(かんでんち)の中では，化学変化によって電気が生じている。
④電気信号の変化をスピーカーから出る音に変えている。
⑤ガスが燃える変化は化学変化であり，化学変化の結果，熱を出している。

2 (1) B，D
(2) B，D，E
(3) B
(4) C
(5) E

解説

(1) 水力発電は，高い位置から流れ落ちる水の運動エネルギーを利用して水車を回転させ，電気を発生させている。
(2) 自然のもつエネルギーを電気エネルギーに変えている。
(3) 水力発電にはダムの建設が必要で，そのダムの建設が難しくなっている。
(5) 太陽光発電は，光電池を使って日光を直接電気エネルギーに変えている。ほかの4つの発電方法では，タービンを回転させて電気をつくっている。

Lesson 27 天体の1日の動き

▼ Check1
（1）日周運動
（2）自転

解説

（1）天体の日周運動は，地球の自転による見かけの動きである。

（2）地球の自転の向きは西から東で，このため太陽や星などが東から西に回って見える。

▼ Lesson 27 の力だめし

1 （1）自転
（2）エ
（3）b
（4）ウ

解説

（3）太陽を見上げる方向と水平方向とがつくる，bの角度で高度を表す。

（4）太陽が真東からのぼったときは，地平線上に出ている時間がほぼ12時間である。よって，南中するまでの時間は6時間なので，

6時30分＋6時間＝12時30分が南中時刻となる。なお，太陽が真東からのぼるのは春分・秋分の日であり，昼と夜の時間は等しく，ほぼ12時間ずつとなる。

2 （1）A…東　D…北
（2）6cm
（3）イ
（4）11（時）40（分）
（5）4（時間）30（分）
（6）4（時）30（分）
（7）18（時）50（分）

解説

（1）太陽の通り道が傾いている側が南，その反対側が北である。南を向いて左手側が東，右手側

が西となる。

（2）太陽の動きは1時間に15度ずつで一定となっている。透明半球上の動きも同様で，1時間あたりの移動距離は一定となる。

（4）Rは11時の記録であり，太陽の通り道の4cmという距離は，1時間の $\frac{4}{6}=\frac{2}{3}$ で40分にあたる。よって，点Mを記録した時刻，すなわち太陽の南中時刻は，11時40分と求められる。

（5）$27÷6＝4.5$より，4時間と30分（0.5時間）である。

（6）9時（点P）の4時間30分前で，4時30分である。

（7）日の出から南中までが，

11時40分－4時30分＝7時間10分であるから，南中から日の入りまでも7時間10分で，日の入りの時刻は，

11時40分＋7時間10分＝18時50分（午後6時50分）となる。

Lesson 28 天体の1年の動き

▼ Check1
（1）90度
（2）黄道

解説

（1）1か月に約30度ずつ動き，3か月では約90度，1年（12か月）で360度動く。

（2）黄道上の太陽と重なる位置にある星座は決まっていて，これを黄道12星座という。太陽と正反対の方向にある星座が，真夜中に南中する星座である。

▼ Check2
（1）夏至
（2）35度

解説

（1）夏至は，太陽の南中高度が1年中で最も高く，

冬至は，太陽の南中高度が1年中で最も低い。

（2）90°−（緯度）＋23.4°＝78.4°より，この地点の緯度（北緯）は，35度である。

1 （1）30度

（2）2時

（3）ア

（4）公転

解説

（1）星座や星座をつくる星は，1時間に15度ずつ，2時間で30度ずつ動く。

（2）Aの位置からCの位置までは，4時間（＝2×2）かかっている。

22時＋4時間＝（翌日の）2時である。

（3）星座や星が同じ位置（方位）に見える時刻は，1日に約4分ずつ，1か月で2時間ずつはやくなる。

2 （1）春分…D　夏至…A

（2）Y

（3）①…A　②…C

（4）①A…ウ　B…イ

②夏は冬より太陽の南中高度が高いため，日光のあたる量が多く，昼の時間も長いから。

解説

（1）（2）地球の北極側が太陽のほうへ傾いているAが夏至の日の位置である。地球は北極の上空側から見て反時計回り（左回り）に公転しているので，夏至の3か月前の春分の日の位置はDである。

（3）①は夏至の日，②は冬至の日である。冬至の日の地球の位置は，夏至とは正反対のCの位置。

（4）①Aの夏至の日には，太陽は最も北寄りからのぼり最も北寄りに沈む。Bの秋分の日やDの春分の日には，太陽は真東からのぼり真西に沈む。アはCの冬至の日の通り道である。

②太陽の南中高度が高いほど，同じ面積の地面が受ける日光の量が多い。また，昼の時間が長いほど，地面は多くの日光を受ける。

Lesson 29 太陽系と宇宙

▼ Check1

（1）約6000℃

（2）黒点

解説

（2）黒点の温度は約4000℃で，まわりの温度（約6000℃）よりも低いために黒く見える。

1 （1）①…カ　②…エ　③…イ　④…ア

（2）惑星

（3）衛星

（4）個数…8

　　最大の天体…木星

（5）火星

解説

（3）水星と金星には，衛星がない。

（4）（5）太陽系の惑星は，太陽に近いほうから水星，金星，地球，火星，木星，土星，天王星，海王星の8個存在する。

2 （1）金星

（2）E，F

（3）B，C

（4）×

解説

（2）明け方，太陽がのぼる前にしばらく見えるのは，太陽より西側に金星があるときである。

（3）よいの明星とは，日の入り後しばらく見える金星のことで，太陽の東側に金星があるときに見える。

（4）地球の内側を公転する惑星（内惑星）は，真夜中に見ることはできない。内惑星は，一定の角度以上太陽から離れないように見える。

がいなどの有機物を分解して無機物にするというはたらきを行うので，自然界では分解者とよばれている。

Lesson 30 自然と人間

Check1
（1）食物連鎖
（2）生産者

解説

（1）食物連鎖のはじまりは，つねに植物である。
（2）光合成により，無機物の水と二酸化炭素から，酸素と有機物をつくるので，自然界の中で生産者とよばれる。動物はすべて消費者とよばれる。

Lesson 30 の力だめし

1 （1）X…二酸化炭素　Y…酸素
（2）A…d　B…a, c　C…b
（3）右図
（4）ア
（5）分解者
（6）ア，イ

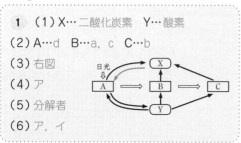

解説

（1）Xはすべての生物から放出されているので二酸化炭素（呼吸で出される），Yはすべての生物にとりこまれているので酸素を表す。
（2）Aは植物である。Bは草食動物で，ここではウサギとリスがあてはまる。また，Cは肉食動物である。
（3）植物は，二酸化炭素をとり入れて酸素を出す光合成を行っている。
（4）Aは食べられる量が減るので一時的にふえ，Cはエサが不足するので一時的に減るが，これによってBの数は回復するので，やがてほぼもとの状態にもどる。
（5）（6）カビやキノコのなかまなどの菌類，細菌類，ミミズなどの土の中の小動物は，生物の死

2 （順に）化石燃料，温暖，オゾン，酸性雨

解説

石油や石炭，天然ガスなどは，大昔の生物の死がいなどからできたもので，化石燃料とよばれる。
化石燃料の大量消費によって，温室効果ガスである大気中の二酸化炭素の濃度が上昇し，地球の平均気温の上昇，すなわち，地球の温暖化が進むという環境問題が発生している。
上空にあるオゾン層では紫外線が吸収されているが，近年フロンの使用と大気中への放出により，オゾン層の破壊が進んでいる。
工場の排煙や自動車の排気ガスなどにふくまれる硫黄酸化物，窒素酸化物が大気中にふえると，これらの物質が雨水にとけて強い酸性を示す酸性雨が降ることがある。

冬は冷えた大陸によって空気が冷やされるため，大陸上には高気圧が生じる。また，海洋上には低気圧が生じる。この結果，大陸から海に向かって北西の季節風がふく。

1 光と音
（1）右図
（2）イ

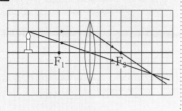

2 細胞と生命の維持
①血しょう　②組織液

3 回路，電流の正体と電気エネルギー
問1　150Ω
問2　①ア　②イ
問3　①30　②イ
問4　（1）290mA　（2）①100　②ア

解説

問1　20 mA＝0.02 Aより，$\dfrac{3}{0.02}$＝150[Ω]

問3　消費電力について，
　　　LEDは3×0.02＝0.06 [W]，
　　　豆電球は5×0.36＝1.8 [W]
　　　よって$\dfrac{1.8}{0.06}$＝30 [倍]

問4（1）20＋270＝290 [mA]
　　（2）LEDに0.02 Aの電流が流れるようにするには，直列につなぐ抵抗の抵抗値をRΩとすると，
　　　　　$\dfrac{5}{150}$＋R＝0.02より，R＝100 [Ω]

4 日本の天気
ウ

解説

大陸は海洋よりも，あたたまりやすく冷えやすい。

5 化学変化とイオン
（1）エ
（2）ウ

解説

（2）水を電気分解すると，陰極には水素，陽極には酸素が発生する。

6 生命の連続性
（1）ウ
（2）顕性形質
（3）ア

解説

（3）③の丸い種子の形質をもつエンドウの遺伝子の組み合わせはAa

Aaどうしをかけ合わせると，孫に現れる遺伝子の組み合わせの比は，

AA：Aa：aa＝1：2：1

よって，④のしわのある種子のおよその個数は

$6000×\dfrac{1}{4}$＝1500 [個]

7 仕事とエネルギー
（1）60 J
（2）12 N

解説

（1）力学台車に加わる力は鉛直下向きに30 Nで，2mの高さまで引き上げたので，仕事は30×2＝60 [J]

（2）人がひもを引いた力の大きさは，斜面に沿った重力の分力の大きさに等しいので12 Nである。

8 太陽系と宇宙
月食エ
日食イ

【解説】

月食は，月の一部や全体が地球の影の中に入って見えなくなる現象で，太陽・地球・月の順に一直線上に並ぶときにおこる。日食は，太陽の一部や全体が月の後ろに隠れて見えなくなる現象なので，太陽・月・地球の順に一直線上に並ぶときにおこる。

MEMO

MEMO